体验中的建筑

Experiential • Architecture

胡一可 苑思楠 孙德龙 著

图书在版编目（C I P）数据

体验中的建筑 / 胡一可，苑思楠，孙德龙著 . 一天津：天津大学出版社，2019.11

ISBN 978-7-5618-6555-2

Ⅰ . ①体… Ⅱ . ①胡… ②苑… ③孙… Ⅲ . ①建筑设计－研究 Ⅳ . ① TU2

中国版本图书馆 CIP数据核字 (2019)第 275377号

出版发行　天津大学出版社
地　　址　天津市卫津路 92 号天津大学内（邮编：300072）
电　　话　发行部 022-27403647
网　　址　www.tiupress.com.cn
印　　刷　廊坊市瑞德印刷有限公司
经　　销　全国各地新华书店
开　　本　210mm × 210mm
印　　张　10
字　　数　166 千
版　　次　2019 年 11 月第 1 版
印　　次　2019 年 11 月第 1 次
定　　价　88.00 元

前　言

设计的过程是追寻某种意义的过程。培养具有哲思的建筑从业者，或者说具有见地的建筑师是建筑教育者的根本任务。建筑师所设计的建筑应该给予使用者完美的体验，而不应仅仅是自己（或者团队）的一种成就。建筑是设计者为城市留下的影像，也是为使用者营造的功能载体。

建筑的本体性和自主性问题一直都在被人们探讨。建筑是什么？它有什么用？诸如此类的问题是建筑设计入门教育致力回答的问题，也一直是天津大学建筑学专业二年级实验班任课教师思考的问题。建筑类学生的培养过程一直跟“思辨”有关，“思辨”与“概念活动”是建筑理论干预设计的重要途径，也是挖掘用户体验的必由之路。

作为初尝设计滋味的学生，其对设计的兴趣是在认知设计方法、设计工具、设计流程后培养和建立起来的。学生的疑惑往往来自对学科发展的迷茫，因为他们总是尝试触碰学科的边界，去探寻管理、经济、社会、文化等方面的，却又难寻答案。作为在天津大学建筑学专业二年级实验班工作近 6年的教师，我们一直都想从繁忙的教学、科研、管理工作中抽出时间编写一本图书，给自己一个交代，也给学生们一本可供参考的小册子。

设计的迷人之处在于设计过程往往建立在设计者对众多事物的认知基础之上，这让设计者可以抛开执念，远离狭隘。同时，设计者穷其一生去追寻美，追寻美的事物，这也是设计的魅力所在。

教学与生产实践脱节一直以来都是一个难题，不脱节的教育是否可行？学生的独立人格如何培养？教育与学生的生理、心理健康的关系如何？等等，这一系列的问题让我们不断思考。而什么是专业素养？什么是大众品位？这些也是让我们纠结已久的老问题。天津大学的建筑教育所秉承的“培养领军人物”的教育理念究竟是为呈现“英雄式”的建筑，还是为了更美好的“日常”？这一系列的问题等待教育者与受教育者共同解答。

编者

2019年 10月

目 录

第 1 章 思路

培养思路：我们所处的世界充满各种可能，设计过程就是设计者对所关注的问题进行回应的过程。所谓建筑的进步究竟指什么？应该不是简单的技术进步，也不是单纯地满足人们的需求，而应该是设计者对人居环境的更深层次思考。

建筑设计注重空间意义、空间结构和空间体验。真实与想象之间总是存在差距，设计师总爱用一种想象的空间形式来取代现实条件。针对二年级设计课教学，我们尝试为建筑设计的初学者建立起一种对建筑设计的认知框架，让他们了解做建筑设计时需要关注的问题，从而能够在日后的学习中更加自主地完善和填充知识框架。

1.1 我们的目标

创造力的源泉是设计者自身，教学的首要任务是引导学生倾听内心的声音，学会关注自己的体验，因为设计最大的敌人是麻木。建筑教育的核心目标是培养学生产生独创性的新见解，这与学生之前所受教育的目标有差异。

针对学科、专业热点和理论发展趋势，教师需要发掘并培养学生的设计创新能力；训练学生观察、发现社会及相关问题的敏锐视点；通过课程体系中多目标和系统化的环节设置，逐步引导学生对形式背后的设计逻辑进行思考。天津大学的城乡规划学与风景园林学在 2011 年成为一级学科，与建筑学形成三位一体的格局，三者之间有着千丝万缕的联系。学科和专业被划分，但设计是连续的，生活也是连续的，设计课程试图突破学科的局限，通过一系列练习推动设计，让学生从使用需求出发进行观察和思考，从而抵制以往脱离人和脱离社会的设计。实现这一目的最有效的途径是空间设计，其不仅包括一般意义上的空间组织（空间结构）与空间构成，还包括空间原型、空间序列、空间象征等内容，涉及建筑设计、城市设计和景观设计多方面的问题。

设计教学的推动过程正是为理想与现实搭建桥梁的过程，这个过程会尝试建立各种方法，为本土性和普适性建立桥梁，同时避免知识庸俗化，避免将人工具化。

理想与现实的关联

建筑是有“寿命”的，设计者必须从整个生命周期的角度看待建筑。建筑在每个阶段的状态都值得设计师关注（尤其是在未来的设计中）。一座城市的寿命要比建筑长得多，城市规划应有百年、甚至千年的时间尺度。因此，学生有必要建立基于时间的发展观念。

如 2016年，笔者指导天津大学建筑实验班学生参加了贵州省楼纳建造节，体验了作品《竹寰》（图 1-1-1~ 图 1-1-3）从设计概念到

图 1-1-1　2016年楼纳建造节天津大学建造团队设计作品——竹寰效果图

实地建造的全生命周期过程。结合建筑学教育实践性强的特点，在设计教学开始，教师需从创新和设计实践的现实性两方面同时对学生进行培养。在天津大学，建筑学教学团队聘请国内外知名建筑师参与教学过程，并选送优秀学生赴境内外顶尖设计机构实习，使学生全方位地掌握从设计到实践过程的技巧。现实的场景比理想的概念更能使我们改变。在教学过程中，教师结合建造实践让学生认知设计与建造作品的区别与联系。

优秀的建筑产生的条件较为复杂，业主（包括政府）、建筑师、施工方、资金保障等诸多方面均会影响建筑的成败。城市的发展很多时候受不可控因素影响，我们所处的世界充满了各种可能，设计的过程就是设计者对所关注的问题进行回应的过程，也许有许多实验的过程。探索可能性的过程会引发人们对其“正确与否”的讨论，其过程会使事情变得复杂以至失控。建筑设计不仅是纯粹的概念设计，也不仅仅是结构设计，设计师只有把握最重要的方面，方可不断探索建筑发展之路。

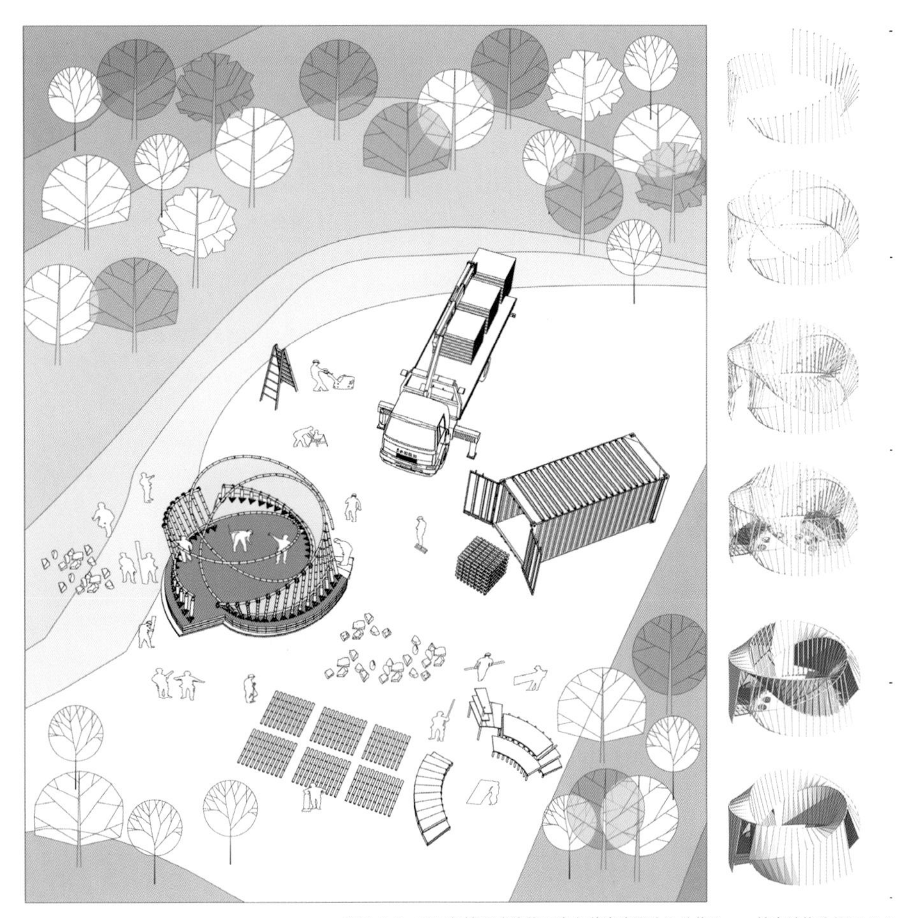

图 1-1-2　2016年楼纳建造节天津大学建造团队设计作品——竹寰结构分析图（a）

在全球语境下认知设计

建筑是否会成为一种产品？以此为基础，如何理解建筑的内涵和外延？模块化建筑、微型建筑对于建筑学有什么影响？建成环境对人的影响有多大？这一系列问题需要我们解答。在万物互联的今天，建筑在世界范围内通过网络、图书、展览、比赛等方式展示，建筑形式日益趋同，多样性不断减少。而在现实社会中，不同的气候条件、地理环境和社会风俗要求建筑有所差别。当代建筑有一种明显的倾向——净化，它们无论是在形式上还是理论上都存在净化倾向。这种净化来源于人们对形式复制的厌倦，也有来自技术方面的原因。当产品的简约性成为降低成本以适应大规模生产的因素时，那些复杂的建造方式将被淘汰。这种净化还有来自美学的原因，一方面，自工业革命以来，顺应时代和技术要求的简约风格已成为一种文化上的显著进步，并逐渐上升为一种艺术原则；另一方面，我们不太情愿去寻找表面上的美丽和丰富感，而是更愿意去寻找洁净的、直接的美。

城市是一个复杂的系统，我们每天居于城中，却很难看到城市的

图 1-1-3 2016年楼纳建造节天津大学建造团队设计作品——竹寰结构分析图（b）

全貌。城市中存在的各种关系一直是设计师探讨的重点。安全问题、环境问题、经济问题等，很多是物质空间营造所无力解决的。因此，建筑形式的净化也是建筑师更多地关注其他方面内涵的一种表现。

努力开阔教师和学生的国际化视野，建立具有建筑学专业特色的国际化教学模式，为学生提供与国际社会和先进的建筑设计思想广泛接触的机会，这些有利于学生吸收学习先进的建筑理念、提高国际化合作能力，从而激发更多的创造性思维。

低年级设计训练的核心内容还包括对美的训练和认知。中国在快速城市化的进程中曾较多地关注建筑及建成环境的工程技术、土地利用、经济效益、管理机制方面的问题，而将"美"这一看似无用的内容弱化了。然而，在当今强调体验的整体环境下，"好看也是一种功能"成为民众的共识。网红建筑重要的价值就在于其让人惊叹的设计。网红店、网红建筑、网红打卡地让建筑设计成为提升公众生活品质的调味剂。

天津大学建筑学教学组试图建立 8个步骤分解设计动作，然后将其整合为一个体系。然而，体系是否重要？课程体系和知识体系能否构建学生的能力体系？这些问题仍待探讨。学科交叉让体系更加复杂，也为学生带来不一样的思维方式。

设计语言

"设计"与"练习"不同，设计必须针对真实的场地、真实的人。但教学的过程要分解动作，让学生从练习入手。练习是抽象的专题训练，提前屏蔽掉很多其他因素，以让低年级学生能够由浅入深地、循序渐进地学习，比如概念表达练习、空间叙事练习、空间类型图解等。

图 1-1-4 2016年楼纳建造节天津大学建造团队建设现场

学生对脑中的景象总是无法言说，即缺乏相应的设计语言来支撑设计。在传统的学习中，案例学习是学生的核心学习途径，语言学将复杂的场地、建筑与人的关系抽象成清晰的、凝练的、也略带机械感的人与空间的关系。设计语言可以帮助设计者对空间进行阅读和认知。未来不仅仅涉及人与人、人与社会的交流，还涉及人与计算机的交流。目前的研究型设计讲求通过数据的运算获取设计结果。也许更强的适应性是未来建筑师的竞争力所在。

1.2 课程设置

天津大学建筑学实验班每一个设计题目的设计周期为 8~10周，采用“讲座 +评图”的形式。其实，“评”的范围已经超越了“图”，还包括可行性研究、运营与管理、经济及社会分析等几个方面的内容。

低年级学生设计体验较少。空间的尺度感、使用者在建筑空间路径中行走的体验、技术及工程方面的知识、场地设计中应关注和协调的问题，甚至建筑经济、文化、管理等都是学生设计训练的内容。建筑学本科二年级教师的教学还有一项更重要的任务，就是激发学生的兴趣，引导学生用自己习惯和舒服的方式开展设计。

建筑学本科二年级的教学每周安排两次课，每周有讲座，讲座时间为 20~30分钟，比如场地分析任务周开始之前，讲座会讲授场地分析的具体知识。根据评图时的学生反馈和任课教师发现的普遍问题，教学团队会临时安排讲座，对学生普遍存在困惑的问题进行及时解答。如遇到指导教师不熟悉的领域，也会聘请相关专家针对此内容授课。

此阶段课程的主要内容涉及以下几点。

（1）如何调研？

（2）现场调研，考察基地环境。

（3）发现问题：什么问题？为谁设计？他们的需求是什么？

（4）如何通过某一个或一系列想法来推动设计？

（5）建筑案例分析：如何向已有的人类智慧学习？

（6）明确设计依据与限制（法律法规、行政管理、交通现状等），修正设计概念。

（7）思考建筑平面如何平衡功能、体验、结构三者之间的关系。

（8）明确空间序列，进行实践：空间与概念的对应性、清晰性与可识别性。

（9）制作建筑模型。

（10）排版与展示建筑设计成果。

学生们在此阶段应该养成的习惯和培养的能力有以下几点。

（1）不断地积累案例：案例给我们设计思路、工程知识，还能训练美感。

（2）随时画下自己的想法或者感兴趣的场景：快速表达是设计师的工具。

（3）尺寸控，什么地方都要测一测：尺度感跟随设计师一生。

（4）喜欢逛街，喜欢找人聊天：强大的沟通能力是设计落地的基础。

（5）善于几个人共同完成一项任务：团队合作会成为常态。

（6）以最快的速度了解别人的心中所想：培养感悟力和察言观色的能力。

（7）演讲：让人相信你、让人信服你需要好口才。

（8）用图来说明一切：可视化表达是专业技能的基础。

（9）渴望探究事件背后的原因：经济和管理往往是两只隐形的手。

1.3 关键词

要想明确教学的内容，首先需要明确建筑学的学科内涵是什么，有关建筑的基本知识和设计技能包括哪些；其次，课程旨在训练学生的分析能力和创新能力。建筑设计的概念很难界定。建筑的功能、结构、美感一直是建筑教学强调的重要内容。实验班的所谓“实验”，并非是将传统的核心部分视为藩篱，而是希望学生多去想为什么，多从使用者的角度来思考建筑应该是什么样的，具体的方法便是分析、感受、评价、认知以及形成理念。这些“软性”的方法使学生们到从业时可以在根本上改变目前的建筑设计普遍缺少分析与评价的现状。

建筑教学设定的关键词如下。

第一层次：建筑、城市、景观、艺术。

第二层次：真实——物质空间要素（对象）、理想——空间概念（想象）、理想与现实对接（建构）。

第三层次：空间与行为、空间体验、空间形式、营造。

第四层次：方法、途径、工具。

实验班的教学更多的是传授给学生一套（或一系列）推动设计的方法，让他们关注人的行为、心理，将社会性的议题带入空间创造，从而实现相应的营建活动，同时更多地关注“将来”。当然，这里的“将来”要放在特定的时间框架中去解读。在总体上，实验班的设计教学支持创意思考，不支持纯粹的美学判断。创意思考包括如何形成空间策略，如何做出选择，如何保持思维的开放性，如何接触社会，如何思考未来，使学生将设计视为改变空间的有目的的社会性行动。“计划”是设计训练的基础，建筑物是资源，计划就是机会。

关系

在以往的宣传中，建筑师的工作总是带有强烈的个人色彩，这种个人色彩产生了巨大的吸引力。然而，未来建筑师需要更多地承担社会责任，更好地协调各种关系。天津大学建筑学实验班二年级实验教学组要求学生设计的建筑除了需要满足功能要求外，同时还能作为一种媒介联系起人、城市与自然环境等要素。教学组在为学生建立建筑设计基本概念的同时，尝试引入关联的概念以及从分析到生成建筑的所有设计流程。教师引导学生关注“人”这一设计中最基本的要素，对人群行为进行研究，寻找其与建筑之间的关联，进而形成概念，并以某些生成性的方法进行建筑设计。设计的过程是决策的过程，好的设计必然有好的空间策略与之匹配，设计决策的基础是价值判断。

实验教学组在为学生建立建筑设计基本概念的同时，尝试将关联的概念、立足研究分析的建筑生成流程融入设计教学。课题设置在一定程度上弱化了对建筑类型的讲授，而强调对建筑与复杂因素之间关联的思考。全学年的设计教学由“人与建筑”“人与城市”“人与自然”三大主题组成，关注人的行为、场地要素、设计者的真实情感以及设计过程的逻辑性。学生在设计之初会本能地探讨形体或空间的象征意义，如果其关乎物质载体的体验或者关乎内心的感知，是可以继续发展的。设计应不仅仅使建筑具有普适意义的美，还应该是有温度的、善意的。

建筑、道路等人工构筑物造成地球表面大面积硬化，在此背景下如何协调建筑与自然的关系变得异常重要。同时，建筑又要满足人的需求，究竟需要在多大程度上满足人的相关需求才能够保证生态环境的可持续发展（人，是否为建筑设计唯一的服务对象）。二年级实验班最重要的就是强调体验，那么体验到底是什么样的？设计的核心在于对土地的合理使用，对人、财、物、信息在空间中的流动做出合理的安排，并且带有某种意义。所以，从某种意义上讲，空间也需更多地体现知觉体验，而不仅仅是物质形态。因为信息技术或者基因技术给人带来的体验可能更直接，更有力。

方法

将剖切作为一种方法

人类是一种符号化的动物，人们通过使用符号赋予自身和整个生存环境以某种意义和价值，符号可以让我们所处的世界简洁易懂、秩序井然。剖面显然更符合人类的思维方式，更容易被驾驭。剖面是一种抽象的表达形式，它让此空间与彼空间具有了共时性，生活中的各种场景都可以通过一张图纸来表达。

空间的位置和尺寸由剖面决定，剖面可以体现对称和平衡、节奏和韵律、对比和变化、调和与统一等美学原则，因此，剖切是一种传递建筑品质的手段，更易于表达逻辑关系，是一种抽象艺术。

将图解作为一种方法

图解可以在建筑设计的诸多方面中抽取其中的一部分进行表达，可以生成建筑设计作品的分析图，可以明确基本单元，明确流线、人流、容量、活动方式、人物、事件和场所。图解是设计中最直观的表达方式，可以分析建筑诸要素之间的关系。尤其在建筑形式并不明朗，或者建筑还没有“形体”的时候，图解的优势尤为明显。

能力

传统的建筑教育需要传授很多知识给学生，这些知识的原始出发点是“空间可以引导人”的假设，虽然空间的力量有时没有办法与经济因素、管理制度，甚至人的生理需求相抗衡，但其存在的价值和意义已经被历史所证实。空间与行为是相互作用的，主客体也会在一定程度上进行转换。在传统意义上，知识的主体是类似“规范”的东西，每个国家的规范差异巨大，而这些规范中还隐藏有不少没有得到论证的结论。现在，我们会问学生：规范为什么是这样的？其背后的理论、方法是什么？我们会告诉学生：规范是死的，设计是活的，努力去观察和实践吧。

空间与空间原型

空间原型既反映现实需求，又反映历史需求，同时还反映艺术、文学、文化等领域对空间和空间形式的影响。原型中蕴藏着历史，建筑历史中蕴含着几乎建筑设计的全部，如果学生不了解以前的建筑为什么是那个样子，是比较令人忧心的事情。

建筑花费巨大，因此针对不同类型活动的空间营造更具价值。建筑不仅是人们居住的空间，同时还是活动发生的容器。具有复合功能的空间一定会让城市居民的生活品质和建筑的空间效率得到提升。原型是设计者探讨空间与行为关系的基本单元，可以促使学生先从与人体尺度较为接近的空间想问题，然后在简单的要素之间寻找关系，分解设计动作，从而让学生在设计训练中得到的经验变成日后设计的工具。如果仔细地分析，多数设计（建筑设计、城市设计、景观设计）都能在历史中找到原型，因为使用者“人”的需求变化不大，原型空间可以连通历史与现今，某些“先验的”原型被修改后可被赋予新的功能，所以对原型的收集、整理和分析变得非常重要。原型可以避免学生对形式的直接抄袭。在原型基础上他们可以探讨新的空间类型和空间语言。学生对于原型的理解会有困难，作为起步，也可以将原型理解为类型化的工作方法。

快速表现和表达

绘制建筑草图是建筑学专业的学生必须训练和掌握的技能。这项技能也可以借助软件实现。数字技术让环境行为学相关方法的实施变得可行：在微观层面，其可让输入和输出的人体工学数据更精确，人的基本需求可以被量化为数据输入系统中；在中观层面，人的行为模式和运动路线将易于被模拟；在宏观层面，人对整体环境的体验便于被分析和综合。人的行为分布与变化可以通过图像或数据流呈现，给设计提供强有力的支撑。

建筑模型与数理模型

1.亚历山大的模式语言

20世纪，亚历山大创造了模式语言理论体系，试图以此寻找建筑美的根源所在，并希望能通过模式语言的方法让世界上每个人都能参与设计，享受设计的过程和结果。他在“模式语言三部曲”中为人们呈现了一套完整的建筑语言体系，诠释了模式语言的设计方法，这三部著作包括《建筑的永恒之道》《建筑模式语言》和《俄勒冈试验》。

模式语言源于亚历山大大量的建筑和规划设计实践经验，其用语言的形式对与人类活动相匹配的场所空间形态进行具体描述和说明。模式语言方法的可行之处在于，设计者可以将这种模式作为一种语言来掌握，从而随心所欲地使用语言来“写文章”，创造出千变万化的建筑形态和城市环境。由此一来，任何人都可以利用模式语言来为自己做设计，这可视为公众参与设计的一种途径。模式语言理论引导着人们关注设计者和使用者之间的关系，并使人们意识到使用者同设计者有着同等重要的作用。亚历山大认为使用者应积极、主动地承担自己住宅、街道和社区的设计工作。总之，模式语言的使用建立在大量的行为活动调研、公众参与、观察分析基础之上，并体现了公共参与思想。

2.克里尔的城市类型学

L.克里尔受到结构主义的影响，在以类型学理论为基础来分析城市形态是如何构成时，注重分析城市形态的结构体系，并把空间当作城市和建筑整体系统中的构成元素。他认为城市的形态并不取决于城市的各项功能，而是由构成元素及其组织法则（结构系统）来决定的。因此他在分析欧洲的城市形态时，首先将城市分为街区、街道和广场3种元素，并且认为建筑街区必须成为城市在类型学上最重要的元素。作为一种类型学上固定的元素，街区决定了街道和广场的形式，通过街区的组合可以产生城市空间，但街区也可由街道和广场的设置来决定，于是他将城市组织中建筑街区、街道和广场的连接方式分为以下3类。

（1）街区是由广场和街道决定的，而广场和街道可从类型中加以选择。

（2）街道和广场由街区的位置决定，而街区本身可从类型中加以选择。

（3）街道和广场直接形成，无明确街区存在，公共空间可从类型中加以选择。

3.凯文・林奇的城市设计理论

凯文・林奇的主要贡献在于把人的基本价值与城市物质形态联系了起来，指出了城市设计的人文主义目标，并开创了新的城市设计研究方法。凯文·林奇认为，空间形式是一种被赋予价值的形式。

把环境心理学引入城市设计研究是凯文·林奇的重大贡献。他通过研究外部环境和内心价值对人们行为、生活的影响来思考和评价环境的意义，并从中寻求规划的目标和理论的依据。

城市意象理论及城市意象的五要素已经被城市规划和设计工作者熟知并被应用到工程实践中去。同时，由凯文・林奇开创的通过认知地图进行城市意象调查的研究方法要求一般居民和城市来访者绘制环境草图并回答问题，人们已经接受了把“人和环境”作为一个统一体系来考察的观点。

设计者的参考不仅仅包括书，也包括图。有没有绝对的创新，或者说设计是否存在抄袭的问题伴随设计师的一生。每个人的创意活动均基于前人的贡献，想要有一点“新”东西，一定要保持敏锐的观察力。材料技术、信息技术正大行其道，而其对建筑领域的影响尚不明显，但建筑的更新发展趋势不可逆转。遗产保护的价值究竟何在？遗产的价值何在？罗马的铠甲、巴伐利亚的民族服饰毕竟已经不能适应当今人们的正常生活。很多人对于古老建筑的偏爱，除了怀旧，还有对不朽的渴望。而任何事物都有其生命周期，设计者要建立“时间的概念”，满足面向未来的需求。

设计类图书或者案例是否能让设计者更具创新性，更有想法？游学是否胜过一般意义上的学习，真实的建筑及空间会给人带来什么样的影响？这是值得思考的问题。

基本参考书

建筑学科的内涵及外延是什么？如何“发明未来”而非简单地“抄袭现在”？参考书可以解答我们的部分问题，如如何营造空间、塑造体量、形成氛围，如何理清建筑与周边环境的关系，如何阐述空间的普适意义，又如何构建其独特价值等。如果探讨建筑的外延问题，也许在设计中融入自然和能量的元素是具有魔力的，也许关注人们的心灵体验会带来奇思妙想，而生活为我们提供了这样的舞台。以下图书值得学生们参考。

（1）《50获奖房子》，刘沉地编。

（2）*100 Best New Houses*，Davinci Publishing编。

（3）《建构建筑手册：材料・过程・结构》，[瑞士]安德烈・德普拉泽斯著。

（4）*Architectural Model Lead To Design*，Pyo Miyoung著。

（5）*Program diagrams*，Kim Seonwook、Pyo Miyoung著。

（6）《建筑设计资料集》《建筑设计资料》编委会编。

（7）《室内设计资料集 2》，张绮曼、潘吾华主编。

（8）《现行建筑设计规范大全》，中国建筑工业出版社编。

经典读物

建筑学是一门综合性学科，参考资料的范围不限于建筑学著作，也包括城市规划与设计、风景园林、社会学等领域的著作。这里仅列举一小部分经典读物供读者参考。

（1）《思考建筑》，[瑞士] 彼得・卒姆托著。

（2）《建筑氛围》，[瑞士] 彼得・卒姆托著。

（3）《东京制造》，[日] 塚本由晴 、 黑田润三、 贝岛桃代编。

（4）《环境行为与空间设计》，[日] 高桥鹰志 +EBS 组编著。

（5）《身体、记忆与建筑——建筑设计的基本原则和基本原理》，[美] 肯特・C.布鲁姆、[美] 查尔斯・W.摩尔 著。

（6）《美国大城市的死与生》，[加拿大] 简·雅各布斯著。

（7）《城市的形成——历史进程中的城市模式和城市意义》，[美] 斯皮罗・科斯托夫著。

（8）《存在·空间·建筑》，[挪威] 诺伯格·舒尔茨著。

（9）《城市意象》，[美] 凯文·林奇著。

（10）《街道与城镇的形成》，[美] 迈克尔·索斯沃斯，[美] 伊万·本 - 约瑟夫著。

（11）《城市·设计与演变》，[英] 斯蒂芬·马歇尔著。

（12）《城市空间设计——社会 - 空间过程的调查研究》，[美] 阿里·迈达尼普尔著。

1.4 沟通

沟通不分学科，建筑师应更多地关注社会发展趋势，并能表达出对社会生活状态的独有见解和人文关怀。在设计过程中，设计者应将各种制约因素作为建筑组成的一部分信息，通过计算机将其转换处理为数据并绘制成图表，这样既直观，也使建筑师更容易理解并处理影响建筑最终生成的各种因素。

在教学过程中，给出一片场地，学生可以实地调研后自行选择场地中的任何一块地来进行设计，当然对于地块的面积是有一定要求的。国内有些高校建筑系学生的设计任务是由老师给出地块的详细信息之后，学生在该地块或几块地中选择一块进行设计。但笔者所在的二年级实验班教学团队认为，一旦老师对场地的解读过于详细，那么会对学生思路的发散造成不少限制。二年级学生刚开始接触设计，思维稍微发散一些无可厚非，最重要的是锻炼学生发现问题、解决问题的能力。

在教学过程中，从下达任务书到提交设计作品时长是 8周，要求学生独立完成设计作品。在设计过程中，教师会根据学生每周反映的设计过程中遇到的问题安排理论讲解课程。

学生提交设计作品后，教学团队会邀请国内知名的建筑师来实验班参与评图，力求为学生带来最全面、最权威的评价，以促进其后续的设计与思考。天津大学建筑学二年级实验班作品评图海报及各环节见图 1-4-1~图 1-4-5。对于未来的设计，语言是沟通最主要的媒介，不仅仅是人与人沟通的桥梁，在未来也会成为人机沟通的媒介。在未来，建筑设计会不会被算法取代？我们如何解决建筑的形式来源问题？都是值得我们思考的问题。

图 1-4-1 天津大学建筑学二年级实验班作品评图海报

图 1-4-2 学生作品展示

图 1-4-3 学生汇报

图 1-4-4 专家评图现场

1.5 设计思维

设计思维如何养成？对设计者设计思维的最重要的评价标准是其设计成果能否做到情理之中，意料之外。设计是给人惊喜的游戏。

要达到上述标准，就要求教师在教学过程中引导学生对艺术进行深入解读，针对个人的感受进行复述、再生，提高学生对形式创新或者观念创新的敏感度。设计教学的步骤环环相扣，强调学生的自我主体性，着重引导学生以某一感受或某一目标为出发点掌握设计的方法，并关注设计过程中自我的独特体验。

因此考虑到建筑设计要求与实际场地之间可能存在脱节的问题，实验班教学组在设置课题时会尽量避免以范式化的功能图解为主导，同时避免使用者被设定为符号化的人群（如艺术家、幼儿、学生等），让学生从真实的场地环境出发，自主寻找场地中相关要素与建筑之间可能产生的关联机会。同时，在设计命题方面，教学团队针对人与建筑、自然环境与建筑以及城市与建筑的 3类关联进行各有侧重的设计训练设置。其中，人与建筑的关联是建筑设计需要应对的最基本的问题，因此二年级学生的第一个设计训练课题便从对人的行为的研究展开，并以此作为设计的起点进行功能的组织以及空间形式上的应对。现实生活中存在诸多问题，训练学生形成批判性思维的具体方式是先假定万事皆存在问题，然后推动自己去发现问题。课程引导学生发现某些问题，并试图去解决，同时尽量不制造更多其他的棘手问题。这里边的难点在于，这些问题哪些是"建筑问题"或者是建筑能

图 1-4-5 评图结束后合影

解决的问题？这涉及学科和专业领域的问题，也涉及社会发展和生活经验的问题，更涉及技术条件的问题。

在教学组织形式上，实验班教学组由 2 位指导教师以及 16名学生组成；在后期结构设计环节中，教学组还聘请设计院的结构工程师参与授课指导。教学流程中安排了中期与终期两次公开评图环节。在公开评图中，评审小组由国内知名建筑师、其他高校的建筑学者以及校内专家共同组成。前后两次公开评图可以让学生的方案获得充分的评价和建议，学生在设计过程中进行的调整与优化也能够在最终评图中得到反馈，确保了设计的深度与连贯性。

第 2 章 理念

建筑师不可能面面俱到，因为建筑学涵盖了行为、科学、艺术等多方面内容，同时受到经济、管理、社会因素的制约。学生将学到的知识建立一个框架，以方便为日后遇到的新知识找到定位。

二年级教学组在为学生建立建筑设计基本概念的同时（学生刚接触建筑设计之时），尝试将关联的概念、立足研究分析的建筑生成流程融入设计教学。课题设置在一定程度上弱化建筑类型，而强调对建筑与复杂因素之间关联的思考。全学年的设计教学由“人与建筑”“人与城市”“人与自然”三大主题组成，关注人的行为、场地要素、设计者的真实情感以及设计过程的逻辑性。学生应对未来世界变化的能力也是教学关注的重点，人工智能、生物基因技术等将会为世界带来重大变革，处理、分析数据的过程在未来的生活中随处可见，计算机和大数据的发展将万物推向算法层面，而设计的核心方法将会由如何学习案例转变为如何结合算法生成设计方案。

2.1 关注人

设计训练尤其强调设计者作为独特个体而关注自己的感受，这是一个认识自己、了解自己，最后与自己融洽相处的过程。自己为什么会那样？为什么会做那样的事情？为什么会有那样的想法？为什么会有那样的行为？喜欢什么？讨厌什么？是什么原因、条件、经历、思考习惯、做事习惯造就了现在的自己？在这个过程中，设计者会思考上述问题。就群体的人而言，人群行为分析成为设计中较为重要的途径。人的需求包括生理和心理两个层面，设计的基础是建立空间与人的需求之间的联系。空间如何被感知？空间如何被经验有意识地建构？这都需要让学生在设计实践中感受知识与知觉的关系。以往的设计面向“标准人”，比如标准身高、标准体重、无不良嗜好等。比如，面对残疾人的设计，无障碍设施不仅要让残疾人克服移动、行动障碍，同时还要克服信息障碍，无障碍设施须形成系统，才能真正保障残疾人的出行。 其实，无障碍设施建设的根本目的是要让残疾人像正常人一样自由地行动。对于设计师而言，应考察残疾人的日常生活，尽力去满足其出行的一切功能需求，力图满足残疾人的生理需求，此为第一层次。第二层次是满足残疾人的心理需求，如提供平等交流的机会等，解决信息障碍的问题。第三层次是关注弱者的生存之道，让残疾人更好地体验这个世界，这也是设计的最高境界。

设计者应寻找成长过程中让人记忆深刻的东西，以一种直接明确的方式将其输入设计中。学生的设计训练的过程也是一个自律、反思、接纳自己的过程。这种非常自我的过程对于设计的世界是具有价值的。当今社会，生物多样性、文化多样性的价值逐渐被世人认同，其不仅有存在的价值，还有被选择的价值；不仅有直接价值，还有间接价值。同样，人的多样性和设计的多样性为世界提供了更多的样本，如何保护和引导是关注“人”的核心内容，也要容忍设计方案的某些“不完美”，不给自己设界，尽量让自己更宽容。学生应理清空间产物与文化包装之间的区别与联系，学会将空间视为特定场域的产物，并考虑其为何变成今天的样貌，即要理解空间的文化形式。

2.2 关注三种关系

如何养成捕捉生活细节的习惯，找寻使自己感到惊喜的部分？每天去关注平凡中的惊喜，以巨大的热情去生活，关心事物与事物之间的关联，是设计师的必由之路。

1.建筑与人

当今，建筑作为可供人们体验的空间以及生活的载体，人们对其的关注已经超越对其他物质产品和艺术品的关注。人与建筑之间的关系是建筑设计探讨的第一关系，因为人的存在是建筑存在的唯一理由。这种影响不仅仅在于空间舒适性、便捷性、体验性方面，同时还体现在建筑展示人的财富、权力、声望等方面。

2.建筑与城市

一座建筑与城市之间具有特定的关系，如城市设施、交通、景观等多个方面。建筑设计的语言体系和思路，使建筑建立起和城市的关系，并催生出新的力量，因此，我们可以带着问题去看城市、看社区。在教学中，首先假设我们生活的空间都有问题，带领学生对日常生活的环境及配套设施空间展开调研。训练集中在中小尺度，探讨如何营建及经营人的日常生活空间，同时考虑时间因素。

3.建筑与自然

现象学倡导从感受入手探讨场所问题，场所是超越场地和场景的、复合的、具有文化属性的空间综合体。建筑产生的根源是为人服务，应对环境变化满足人类安全性、私密性和遮风避雨的基本需求。探讨建筑与自然的关系是承认建筑为环境从属物的深层表达，建筑由于受经济和技术条件的影响和制约，如何令建筑与自然和生态系统协调发展是需要我们长期探讨的问题。每一座建筑的建造都是一次人工自然的变化，这种变化会打破原有的平衡，并重新建立一种自然界的新平衡。

2.3 设计命题与基地的选择

虽然任务书（图 2-3-1）对于建筑类型、建筑规模、建筑与环境

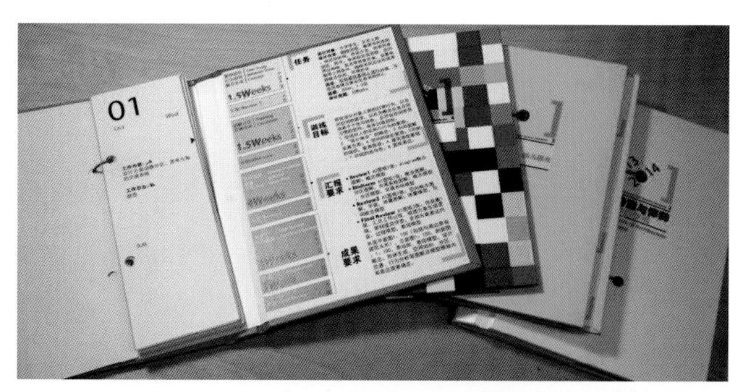

图 2-3-1　二年级实验班任务书

的关系提出了相对明确的要求，但设计并不是真正意义的"命题作文"，设计者需要以"最直接、最真实的生活体验"展开深度的分析与思考。表达建筑与场地之间的交互性，满足建筑的规模、性质及结构要求成为设计的主要任务，而营造和组织空间是设计的核心。

设计选取真实的场地，学生必须能够进行实地调研，并发现真实的问题。指导教师会将问题简化为 6点：① 基地的微气候条件、景观环境和地形（竖向数据）；② 基地的相关指标，包括面积、容积率、建筑密度及高度、绿地率等；③ 建筑物的类型及规模；④ 道路系统及主要出入口设置；⑤ 场地内的主要空间节点及人群行为特征；⑥待建项目使用者的需求。

设计者的关注点包括两个层面，即主体与人的层面、客体与物质空间的层面。物质空间中包括实体与虚体两部分，实体主要是空间中的要素，虚体主要是指空间之间的关系。最后，设计者需要探讨风、光、热等物理环境方面的问题。二年级实验班设计任务安排见表 2-3-1。

表 2-3-1 二年级实验班设计任务安排表

	探讨的关系			
	人与建筑	建筑与自然	建筑与社区	建筑与城市
秋季学期（6~8 周）	校园咖啡书吧设计			
秋季学期（8 周）		建筑的诗意与修辞——山地住宅		
春季学期（8 周）			天津大学西门区域空间节点设计	
春季学期（8 周）				立交桥下空间改造

2.4 设计任务解读

校园咖啡书吧设计

训练目的：探讨人与建筑的关系

出题人：苑思楠、胡一可

1.时间安排（6周，见表 2-4-1）

表 2-4-1 设计时间安排

学习安排	用时
案例研究、行为研究、概念生成	1 周
汇报 1	
动静分区、交通流线	1 周
中期汇报	
空间组织、体量推敲、平面深化	1~2 周
汇报 2	
表皮、结构体系	1 周
制图	1 周
终期汇报	

2.任务内容

设计对象：大学学生、文艺人群。

设计内容：咖啡书吧，具有图书选购、图书阅览和休闲功能，并设沙龙空间，供使用者看书、休闲和交流思想；店内供应咖啡、茶点等简单饮食，设置上网条件；咖啡书吧应该形成某种概念空间，环境舒适。

选址：在南开大学两块场地、天津外国语大学一块场地的划定范围内选择，新建一座咖啡书屋；基地选址见图 2-4-1~图 2-4-4。

规模：建筑面积约 200 m^2，高为 1~2层。

图 2-4-1 基地选址：天津外国语大学（a）

图 2-4-2　基地选址：天津外国语大学（b）

图 2-4-3　基地选址：南开大学二主教学楼、东方艺术中心、日本研究院附近

图 2-4-4　基地选址：南开大学西门、学生活动中心、创业服务小站附近

3.训练目标

设计者研究对象人群的日常行为以及他们对空间的需求，并以此为概念出发点，创造富有个性与特色且符合人们使用习惯的空间，具体的训练目标为：

(1) 探讨空间对人的认知与行为的影响；

(2) 明确"设计概念"的概念；

(3) 利用图解发展方案；

(4) 组织营造空间；

(5) 组织功能，陈设家具；

(6) 掌握建筑选型基础；

(7) 掌握空间的光与色；

(8) 进行图纸表达。

4.成果要求

提供各层平面图（1:100，包括与周边原有建筑的关系）、立面图（1:100）、剖面图（1:100）、表现图、表现模型等，设计概念、形体生成、空间组织、分区、交通、行为分析等图解及模型等根据方案表达需要确定。

5.汇报要求

汇报 1：A2图纸 1张，包括概念图解、概念模型。

中期汇报：A1图纸 1张，包括概念图解、分区图解、交通系统图解、概念模型、分区模型、交通系统模型。

汇报 2：A1图纸 1张，包括空间概念图解、平面图解、体量图解、体量模型、空间概念模型。

终期汇报：A1图纸 2张，作品集 1册（汇总工作过程、梳理方案逻辑，并包括提交给评委的答辩书）、全部方案表达内容、过程模型、表现模型。

建筑的诗意与修辞——山地住宅

训练目的：探讨建筑与自然的关系

出题人：苑思楠、胡一可

1.时间安排（10周，表 2-4-2）

表 2-4-2　设计时间安排

学习安排	用时
诗意与修辞的练习	1 周
调研、方案、建筑概念	2 周
汇报 1	
体量场地、交通流线、空间原型	2 周
中期汇报	
空间诗意、平面深化、结构	2 周
汇报 2	
材料诗意、空间场景	1.5 周
表现	1.5 周
终期汇报	

2.任务内容

设计对象：设计人自己。

功能配置：方案要求在给定的自然环境中设计一栋家宅，提供一个家庭生活必要的居住空间，同时建筑还应提供一部分自定义空间（住宅 +*X*），满足个人在基本生活需求之外的休闲、爱好或精神审美需求；探讨两部分空间之间的关系以及建筑同环境的关系。总建筑面积不超过 600 m^2 即可。设计内容包括起居空间（包含会客、家庭起居和小型聚会等功能）、卧室空间（包含主卧室、次卧室、客人卧室）、餐厨空间（包含餐厅、厨房）、储藏空间、卫生间、自定空间等的设计。

设计选址：天津市蓟州区环秀湖东岸用地范围内（图 2-4-5），具体场地自选。

3.训练目标

（1）理解由真实生活感受驱动设计的可能性，培养学生对生活敏锐的观察力和精确的艺术表达能力。诗意的感受可以来源于自然现象、主观情绪、生活状态以及哲学命题等诸多层面。

（2）以装置艺术模型作为对内心意象物化的探索，并掌握空间语言的表达手段，明确作为空间艺术的装置艺术与建筑艺术之间的关联与差异（图 2-4-6~图 2-4-8）。

（3）学会通过建筑空间的序列组织、场景营造和对材料、结构的恰当运用创造诗意的氛围。

4.成果要求

提供总平面图（1:500）、各层平面图（1:100）、立面图（1:100）、剖面图（1:100）、表现图、表现模型，设计概念、形体生成、空间组织、流线等图解及模型根据方案表达需要确定。

5.汇报要求

汇报 1和汇报 2：PPT，概念图解，概念模型。

中期汇报：A1图纸 1张、模型；方案概念图解、场地概念图解，体量图、总平面图、空间原型。

终期汇报：A1图纸 3张、作品集 1册、场景表现图、过程模型、表现模型、工作流程报告、梳理方案生成逻辑、提交给评委的答辩书。

图 2-4-5 天津蓟州区环秀湖东岸

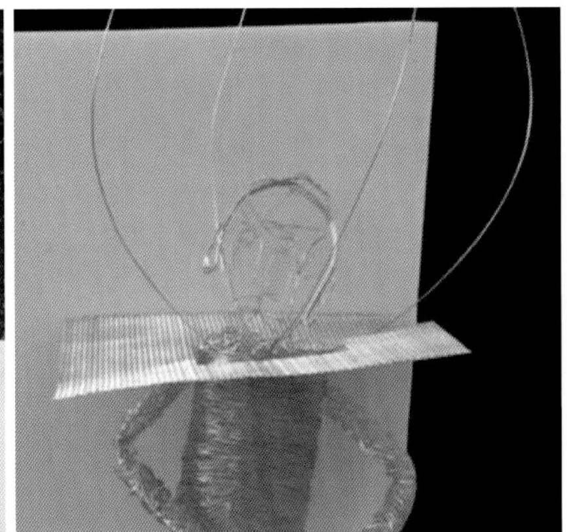

图 2-4-6 建筑设计前的装置艺术模型设计（a）

图 2-4-7 建筑设计前的装置艺术模型设计（b）（2015级实验班学生：高元本 指导教师：胡一可、孙德龙）

图 2-4-8 建筑设计前的装置艺术模型设计（c）（2016级实验班学生：刘畅 指导教师：孙德龙、胡一可）

天津大学西门区域空间节点设计

训练目的：探讨人与建筑的关系
出题人：胡一可、孙德龙

1.时间安排（5.5周，表 2-4-3）

表 2-4-3 设计时间安排

总体调研、分组调研、概念生成	2 周
功能布局、交通流线、空间形态	1 周
中期汇报	
总图深化	1 周
绘图	1.5 周
终期汇报	

2.任务内容

天津大学西门口四季村菜市场及周边区域是一个混合了多种城市功能、多种使用人群的复杂城市空间。当前该区域存在交通冲突、空间消极、不同群体之间干扰等诸多问题。本设计任务就是要对这一区域进行场地设计，在不减少场地现有功能的情况下，理顺空间的功能关系。

3. 训练目标

1）促进学生理解城市以及城市与建筑的关系

城市是一个复杂的有机系统，任何一栋建筑都是城市机体的组成部分。通过这一训练，学生应对以下问题建立基本概念。

（1）城市系统是如何运行的？城市系统有哪些功能？有什么人群？他们有什么需求和怎样的行为特征？功能与功能、功能与人、人与人如何产生联系并相互影响？

（2）明确功能之间的流。物质流，包括机动车流、自行车流、人流。抽象流，包括现金流、货物流等。

（3）城市空间是容纳城市有机体运行的载体。什么是舒适的空间？什么是积极 /消极的空间？什么是公共 /私密的空间？

2）提高学生调查研究与分析问题的综合能力。

通过此项训练，学生应提高调查研究与分析问题的综合能力。

4. 成果要求

提供总平面图（1:300）、方案图解和模型。

5. 汇报要求

中期汇报：模型，PPT汇报文件。

终期汇报：A0图纸 1张、作品集 1册、过程模型、表现模型。

立交桥下空间改造

训练目的：探讨建筑与城市的关系
出题人：孙德龙、胡一可

1.任务书关键词

关键词一：人情味。

关键词二：孤岛开放。

关键词三：设施提升。

关键词四：环境美化。

2.设计背景

交通基础设施的发展不可避免地给城市带来一定的负面影响，如对城市空间的占据，对城市肌理的割裂以及产生大量消极（剩余）空间。随着从增量规划到存量规划的转变，重新利用失落的空间是提升城市空间品质的新机会，而对高架桥下空间进行改造利用则是被持续讨论的课题。

3.教学目标

通过自定义混合功能，将因高架桥分割产生的消极空间转换为积极的活动场所；强调市民的日常活动，利用现有设施和景观要素营造积极的城市空间；理解建筑的公共性以及建筑学在解决公共问题时的策略，学会将大范围内的前期研究和设计结合的方法，明确不同的设计形式对城市空间干预时可能产生的影响。

4.场地选址

场地为王顶堤立交桥区域（图 2-4-9和图 2-4-10），可根据方案需求在该范围内自行选定地块。

功能配置：自定义具有公共性的混合功能，室内空间面积不超过 1 000 m^2。

图 2-4-9 场地选址 1

图 2-4-10 场地选址 2

5.进度安排（5周，表 2-4-4）

表 2-4-4 进度安排表

第一次课	任务	1.开题 2.城市探针：结组调研，学生分成 8组，每个小组从列表中选择一个层面，要使用给定的主题去选择一种作为切入角度的类型来审视场所的一个方面，对场地进行层次分析，在某一层面阐释区域的命题 3.明确设计依据与限制（法律法规、行政管理、交通现状等）
	目标	通过访谈、观察及拍照、地图制作，掌握场地分析和无形要素可视化技巧，并在分析中融合自身的主观评价，为下一步的干预策略做准备
	成果要求	1.制作立交桥区域模型（1:500） 2.制作场地分层地图（1:1 000），A3 图纸
第二次课	任务	1.指定案例分析列表 2.通过地图叠置分析的方法发现矛盾和问题，形成对场地潜力要素的挖掘，制作地图； 3.挖掘场地的特殊现象，确定服务对象，制定使用者的行为脚本 4.提出场地干预设想，提出交通改善策略，在城市层面为周边地区建立新秩序
	目标	通过地图叠加发现其中的矛盾和场地的特殊现象，成为干预策略推演的基础，通过对使用者的观察，确定使用者的行为特征，形成空间策略
	成果要求	1.叠加地图（1:1 000 ）和策略阐述，A3图纸 2.电影脚本制作

续表

<table>
<tr><td rowspan="3">第三次课</td><td>任务</td><td>1.讲座：毯式建筑
2.在上述场地要素挖掘和使用者分析的基础上，选择其中一块场地作为设计样本，提出基于空间的可能策略（建筑体 +外部空间）：从列表中选择形式类型，探讨不同的空间形式类型对场地的可能干预方式及预期影响（流线前后影响、活动前后影响等）
3.新增部分功能的确定：可包含能混合利用的市民游憩中心、便民中心、商业区、儿童活动区、展示空间、停车区及活动场地等
4.案例分析与比较，通过比较检验自身对于干预策略的预期</td></tr>
<tr><td>目标</td><td>通过对不同形式类型的组合变异并与场地结合，理解形式对城市空间和活动的可能影响</td></tr>
<tr><td>成果要求</td><td>1.新增几种形式的模型（1:500）
2.各形式流线干预的前后对比图解，场地停车、人群活动场地和分区图解</td></tr>
<tr><td rowspan="2">第四次课</td><td>任务及目标</td><td>1.基于上述基本形式的探讨，寻找一种建筑语言，使得建筑与基地的整体流线及交通组织协调一致，需要考虑针对时间和空间的可变性和灵活性
2.完成总平面图，确定建筑和公共空间的关系</td></tr>
<tr><td>成果要求</td><td>1.原始模型 1:300
2.总平面图 1:500
3.基于时间性和灵活性的图解
4.建筑体和外部空间关系图解
5.干预的前后对比图解</td></tr>
<tr><td rowspan="2">第五次课</td><td>任务及目标</td><td>空间界面案例分析：界面是内外联系、灵活性的空间构型以及城市语境的中介，分析几类不同城市界面对不同活动的影响，并用于已有方案的调整</td></tr>
<tr><td>成果要求</td><td>1.案例分析图解
2.方案模型（1:300）</td></tr>
<tr><td rowspan="2">第六次课</td><td>任务及目标</td><td>1.方案调整
2.剖面和尺度探讨：绘制 3 个剖面图，要求清晰体现方案与场地公共空间的地形关系以及与高架桥的关系</td></tr>
<tr><td>成果要求</td><td>3 个剖面图，比例视选址情况而定</td></tr>
<tr><td rowspan="2">第七次课</td><td>任务及目标</td><td>1.材质和色彩的探讨：考虑公共空间的基面布置对于活动的影响，考虑建筑的材质和色彩与周边环境的关系
2.空间氛围营造：设想几个不同时段的场景，通过透视图表示方案如何在不同时段容纳不同人群的活动</td></tr>
<tr><td>成果要求</td><td>5张透视图</td></tr>
<tr><td rowspan="2">第八 ~十次课</td><td>任务及目标</td><td>图纸和模型制作</td></tr>
<tr><td>成果要求</td><td>1.总体模型 1 个
2.汇总过程分析模型 3 个（形式比较模型，原始形式模型，局部模型）
3.大透视图 1 张
4.平面图、立面图、剖面图等技术图纸以及设计过程中的各类图解</td></tr>
</table>

第3章 建筑设计怎么做

建筑学二年级的学生刚开始接触设计，不知如何入手开展设计。教学团队会在理论课上先为学生讲解建筑设计的几大要点，如行为研究、概念生成、空间原型、分区与流线规划、空间组织、结构、构造节点、表皮等环节，引导学生以其中某个环节作为切入点开始思考，用抽象图解的方式提取出感兴趣的点，设定设计步骤和解决问题的方法，最终将设计概念转化为建筑设计作品。

在这一章中，笔者将以近几年建筑学实验班二年级学生的设计作品为例，讲述设计过程。

3.1 将空间作为起点

学生在学习设计的过程中，由于知识储备不足，从功能出发的设计模式往往会对学生的空间想象能力造成限制。因此，提倡以空间作为设计起点的模式在一定程度上使学生得以突破功能、结构、材料等的限制，从而解放学生的空间想象力。

3.1.1 行为研究、概念生成

在设计流程的第一个任务单元中，学生需要完成的工作包括：行为研究——在基地中寻找关注点，发现人群的行为特征，并思考可能的对象人群及其行为方式，研究其与场地中的环境因素（交通、设施、植被等）的关系；概念生成——根据场地及人群研究锁定目标人群，初步形成具有针对性的应对策略，其过程示意见图 3-1-1 。

常用的策略包括：

(1) 引入活动，激活区域；

(2) 挖掘特殊行为或特殊人群的空间需求；

(3) 通过改变行为来激活空间；

(4) 公共空间属性多元化（将通过性空间改造成停留性空间）。

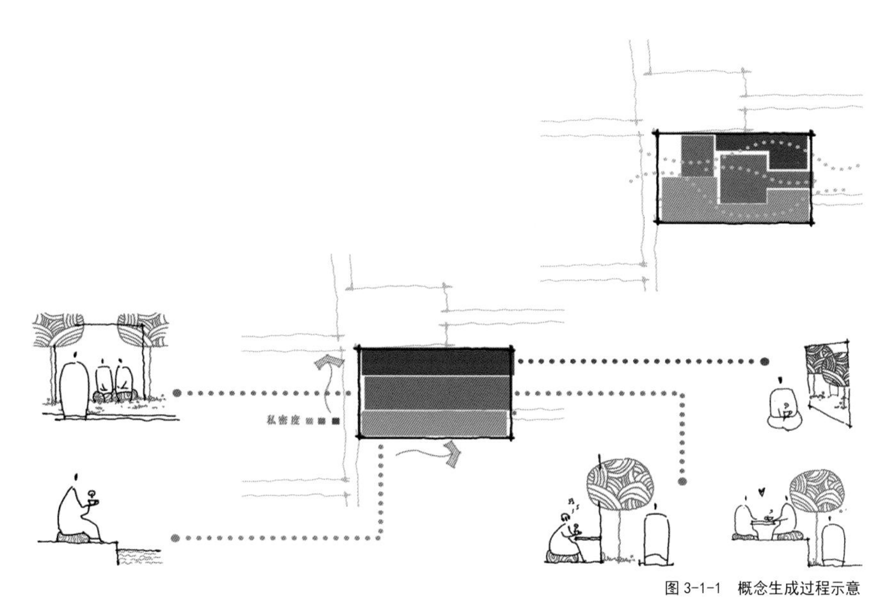

图 3-1-1 概念生成过程示意

引入活动、激活区域

方案一

任务课题：校园咖啡书吧

作品名称：篮球之家

设计策略：引入篮球运动，激活区域

设计思路：调研后发现，场地附近经常开展各种各样的体育活动，其中篮球运动占比最多。人们运动结束后会产生购买饮品的需求，也有互相沟通、切磋和交流的需求，因此产生了以篮球为主题的咖啡书吧的概念（图 3-1-2）。

篮球之家选址在紧临天津外国语大学体育场的位置，为校内外篮球爱好者和体育爱好者提供了一个热闹舒适的聚集地。一层的室内场地可以满足人们切磋球技、多人对抗、

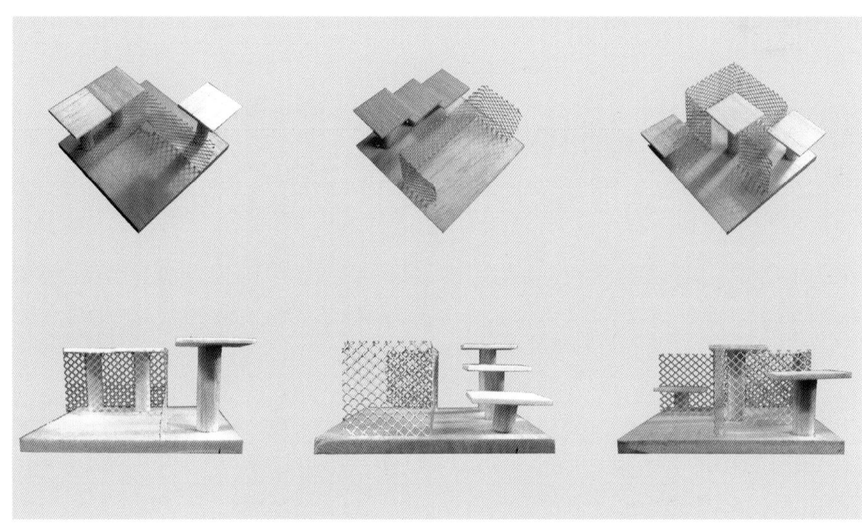

图 3-1-2 设计作品《篮球之家》概念原型生成过程

组织小型娱乐比赛的需求。在不同高度的平台上，休息者扮演了观众的角色，在阅读、休闲之余，也能观看场地中精彩的篮球活动。

设计图：图 3-1-2~图 3-1-5

设计者：杨轶帆（2013级）

指导老师：苑思楠，胡一可

作品点评：作者在设计中植入了公共性极强的空间类型，同时激发了大空间与小建筑的矛盾，核心空间与周边空间产生了很多有趣的空间问题，也带来了新的空间可能性。

图 3-1-3　设计作品《篮球之家》效果图 1

图 3-1-4　设计作品《篮球之家》效果图 2

图 3-1-5　设计作品《篮球之家》效果图 3

方案二

任务课题：校园咖啡书吧设计

作品名称：南开轴线——对称性的背叛

设计思路：如果只是想买书，在网络上买就好。所以来店的顾客不只是为了买书，这家书店也不应仅仅是一个卖书的地方，而是应该和周围产生关联，努力成为社区需要的一分子，让自身具有社会性。因此设计者认为，最理想的书店是能让大家把从来没听说过的书拿在手里的书店。

图书不是按照政治、历史等主题来摆放，也不需要考虑是否虚构、属于何种文库等，作家的名字也大可不必在乎。一本书的旁边放什么书或者其他什么东西，大家对这本书的看法就会有所变化。

设计图：图 3-1-6~图 3-1-8

设计者：李韵仪（2016级）

指导教师：胡一可，孙德龙

作品点评：设计的想法来自读者读书方式的改变，作者又以同样的方式审视场地空间，书吧是重新定义空间的一种手段，作品隐喻了南开大学这一区域空间的轴线关系，并以独有的方式引入不同活动，激活了场地片区，表达了学生自己对场地的理解。

图 3-1-7 设计作品《南开轴线》2

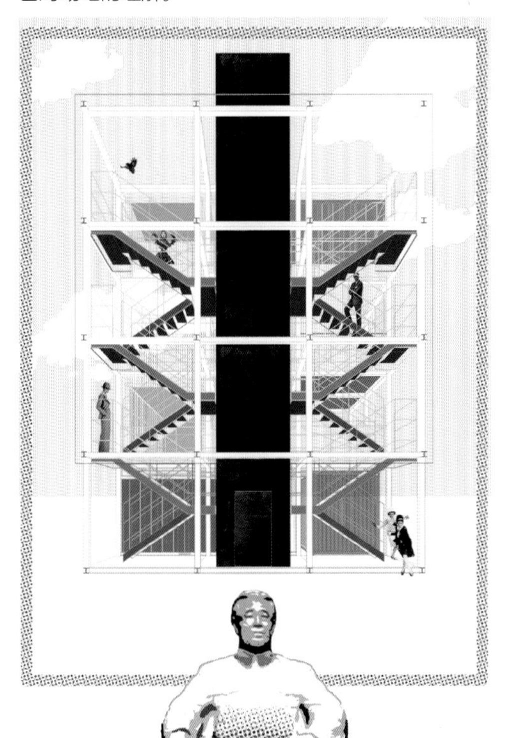

图 3-1-6 设计作品《南开轴线》1

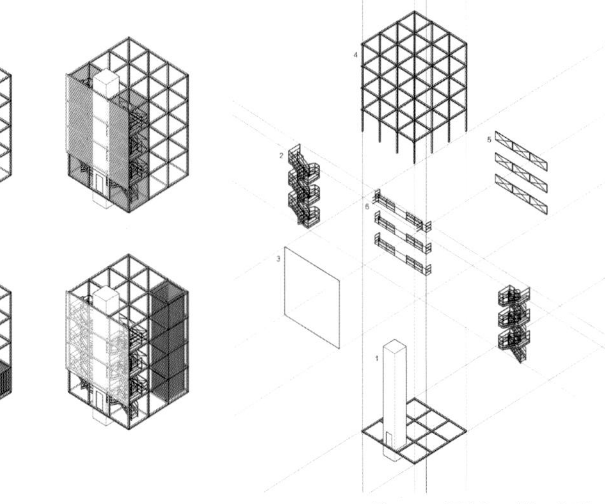

图 3-1-8 设计作品《南开轴线》3

图 3-1-9　设计背景

挖掘特殊行为或特殊人群的空间需求

方案一

任务课题：校园咖啡书吧

作品名称：困

设计灵感："睡觉的中国人"

设计思路：场地距离教学楼近，但是距离宿舍区远，因此中午会有很多学生在此午休。如何让"睡"的行为自然而然地发生，不影响他人，又不受干扰，是作品的主要概念。

设计图：图 3-1-9~图 3-1-10

设计者：刘浔风（2013级）

指导教师：苑思楠，胡一可

作品点评：作者从非常特殊又十分普遍的一种行为出发，从支持"睡觉"这一行为的空间原型研究出发，产生了相对独特的公共私密分区方式、交通组织方式和空间界面形式。虽然这个设计过程很难得出理想的空间方案，但独特的目标设定很好地推动了设计进程。

图 3-1-10　效果图

方案二

任务课题：校园咖啡书吧

作品名称：Freedom of Reading

设计策略：舒适自由地阅读

设计思路：阅读是一件自由而神圣的事情，阅读者无论躺着、坐着、趴着、站着，都应该有舒适的空间来匹配阅读行为，因此，通过对深度阅读时人们最放松的行为姿态进行调研总结，以此为基础提炼出多种类型的空间，进而设计出一处可以自由畅快地阅读的校园咖啡书吧。

设计图：图 3-1-11~图 3-1-12

设计者：王俐雯（2014级）

指导教师：谭立峰，苑思楠，胡一可

作品点评：作者以一种放松的方式开展设计，从人能感知的尺度和行为类型出发探讨人群行为与空间的关系，进而通过“斜坡”整合各种类型的空间。

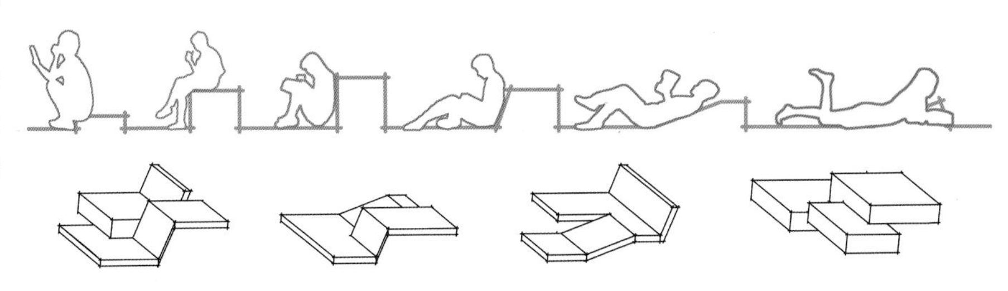

图 3-1-11 概念生成过程

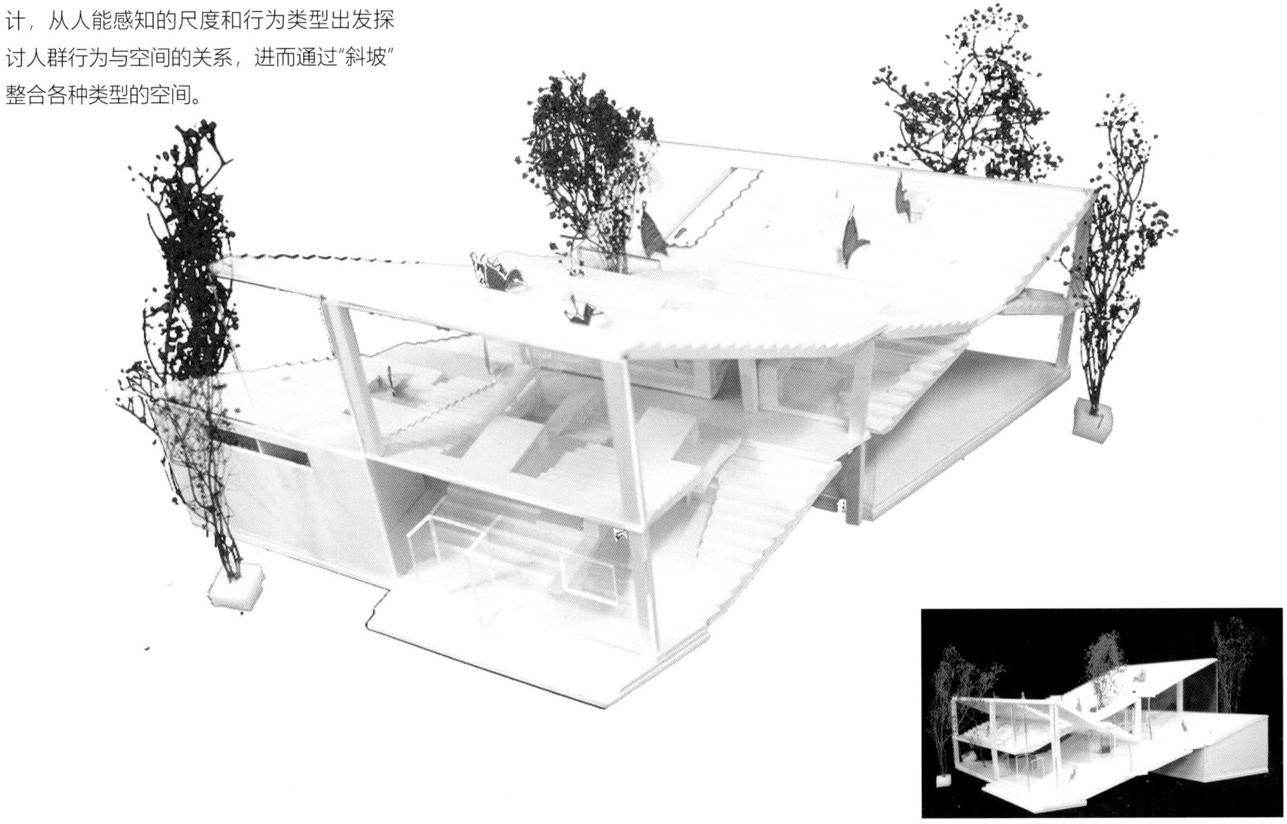

图 3-1-12 效果图

方案三

任务课题：校园咖啡书吧

作品名称："Take a Photo"Cafe Campus Bar

设计策略：适合拍照的咖啡书吧

设计图：图 3-1-13~图 3-1-15

设计者：先楠（2014级）

指导教师：谭立峰，胡一可，苑思楠

作品点评：作者发现天津外国语大学（天外）一处空间中的"拍照"行为，经过与使用者的沟通，作者希望能够创造一个为各种类型摄影作品提供服务的空间框架，并通过"植入"的方式提升场地吸引力。

天外的同学喜欢在校园中拍照，但由于视线等因素的限制，值得同学拍照的地方寥寥可数，因此提出拍照的概念

图 3-1-13 概念生成

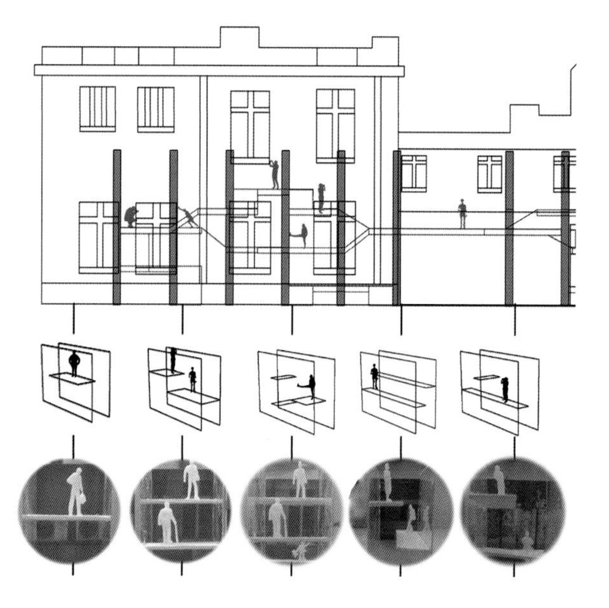

图 3-1-14 空间原型生成

图 3-1-15 效果图

方案四

任务课题：校园咖啡书吧

作品名称：Coffee Bookstore on Bicycle

设计策略：可以尽情玩车的咖啡店

设计思路：作品选址在南开大学。作者去南开大学调研后发现，自行车几乎是人手一辆，很多同学作为自行车爱好者还拥有比较好的山地车，但是，在目前的校园里却缺少一处将自行车爱好融入生活的空间，导致很多同学的自行车沦为简单的代步工具。因此，作者希望通过设计为同学们提供一个玩车的地方，如一段跑道、一片场地，给热爱冒险、喜爱运动的同学提供一个玩耍、交流的舞台。

设计图：图 3-1-16~图 3-1-19

设计者：丛逸宁（2015级）

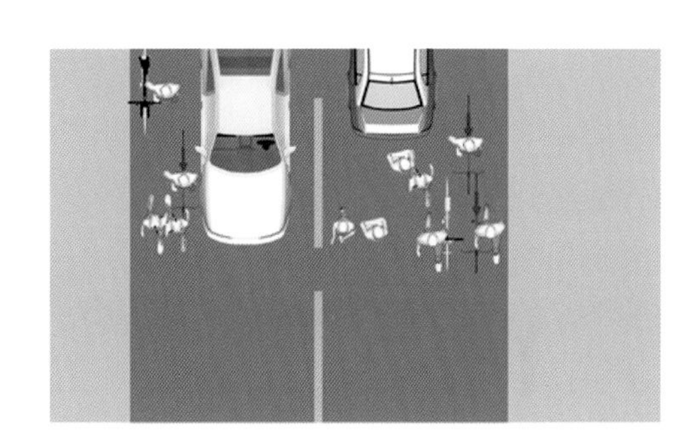

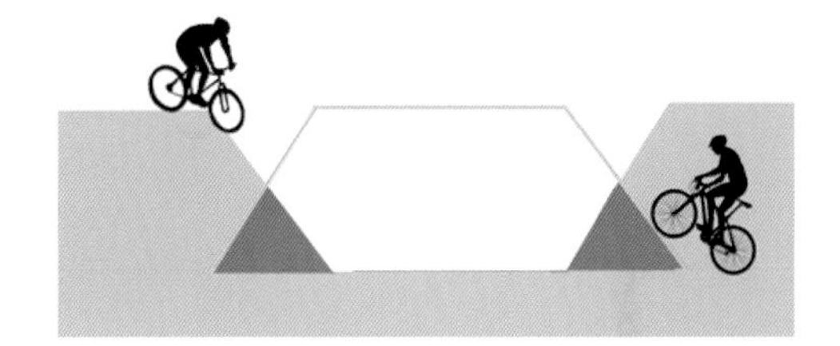

图 3-1-16 人的行为分析

指导教师：谭立峰，赵娜冬，胡一可

作品点评：作者的设计概念来自普通的校园生活，与自行车相关。难能可贵的是作者寻找到一种设计语言能够将概念落实到空间上，并进行可视化表达。

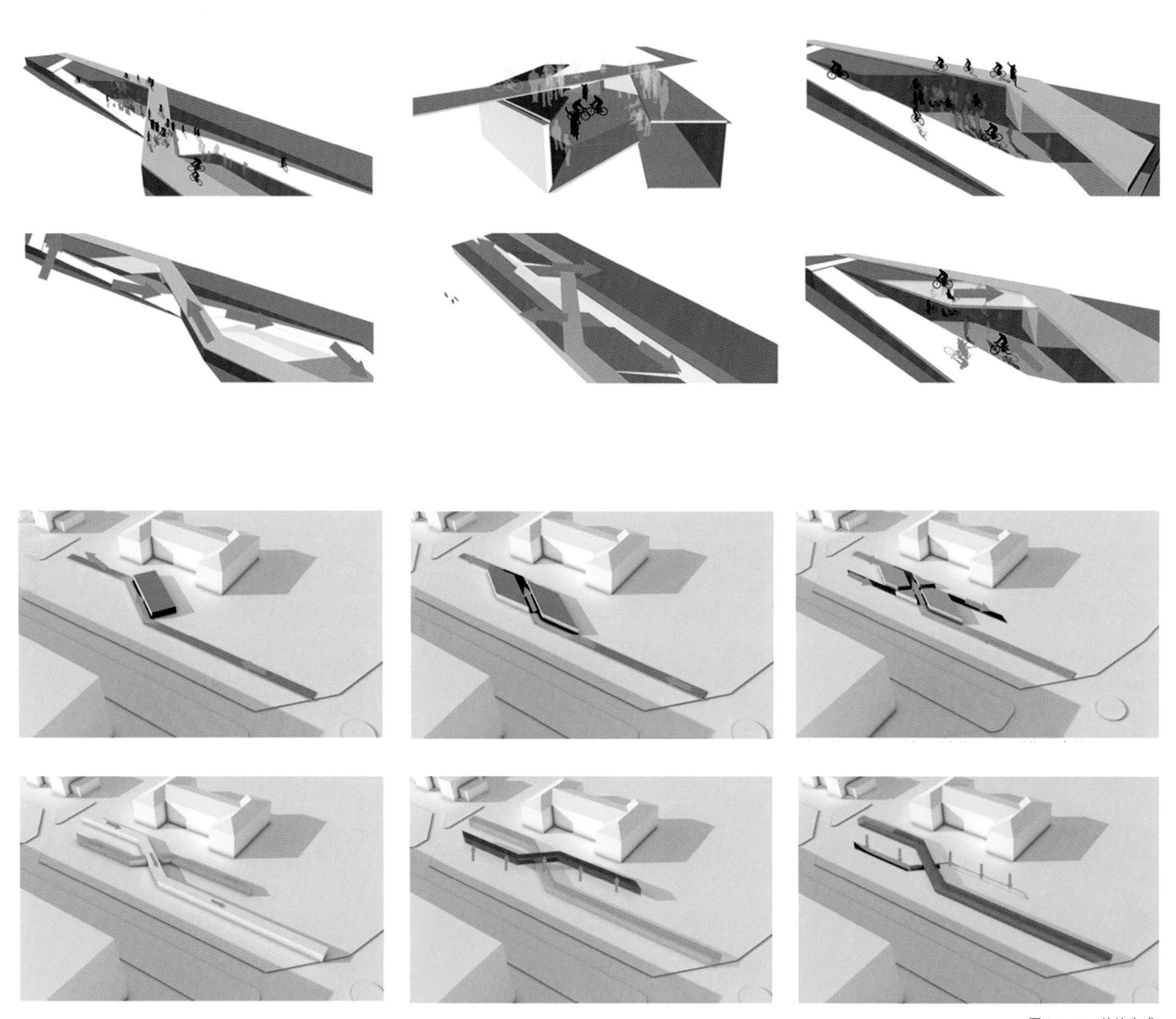

图 3-1-17 体块生成

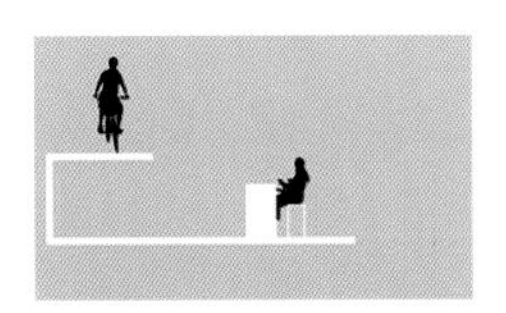
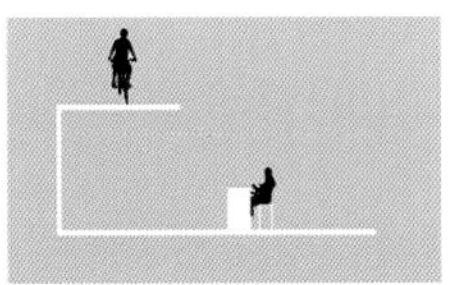

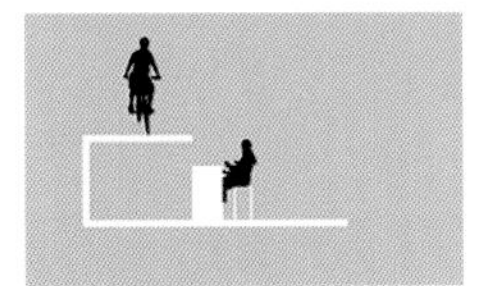
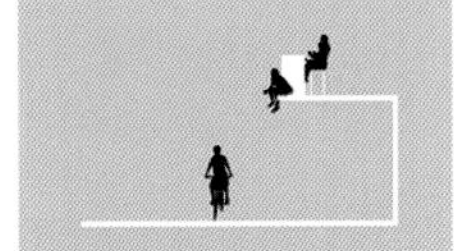

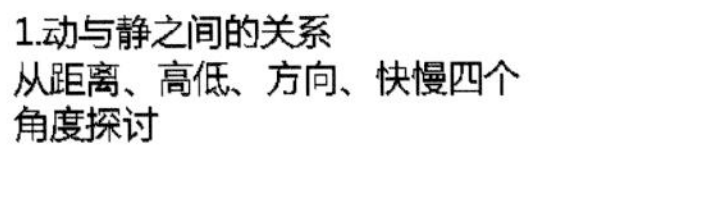

1.动与静之间的关系
从距离、高低、方向、快慢四个角度探讨

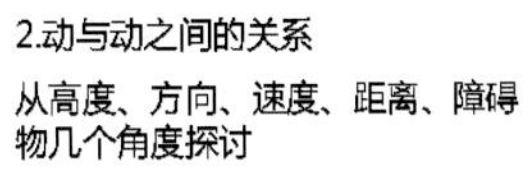

2.动与动之间的关系
从高度、方向、速度、距离、障碍物几个角度探讨

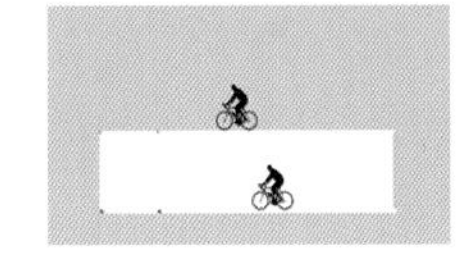
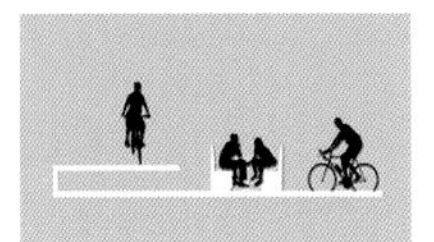

图 3-1-18 动静关系探讨

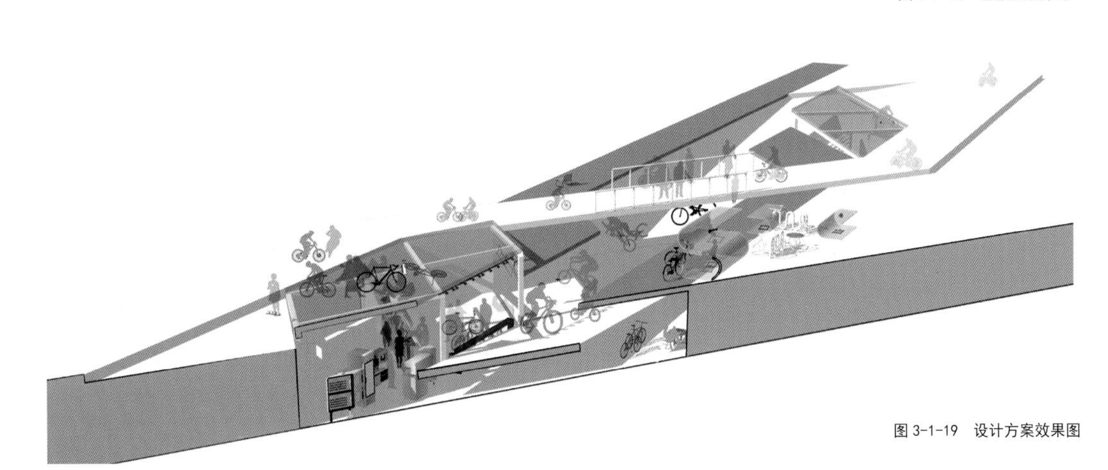

图 3-1-19 设计方案效果图

方案五

任务课题：校园咖啡书吧

作品名称：Campus Cafe & Book Bar—Recalling Your Childhood Dreams

设计思路：作品选址在南开大学幼儿园门口，幼儿园周边儿童玩耍空间不足，也没有能供接送孩子的家长休憩等候的空间，因此希望设计一处适合家长和孩子的咖啡书吧，其外部为开放休憩场所，内部为咖啡书吧空间，孩子在玩耍时家长可以一边休息、聊天，一边照看孩子。

设计图：图 3-1-20~图 3-1-21

设计者：姚依容（2015级）

指导教师：赵娜冬，胡一可，谭立峰

作品点评：作者心怀善念，关注自己并不熟悉的一类使用人群——儿童，设计通过多种空间原型在现实层面上解决了游憩安全性和家长看护的问题。

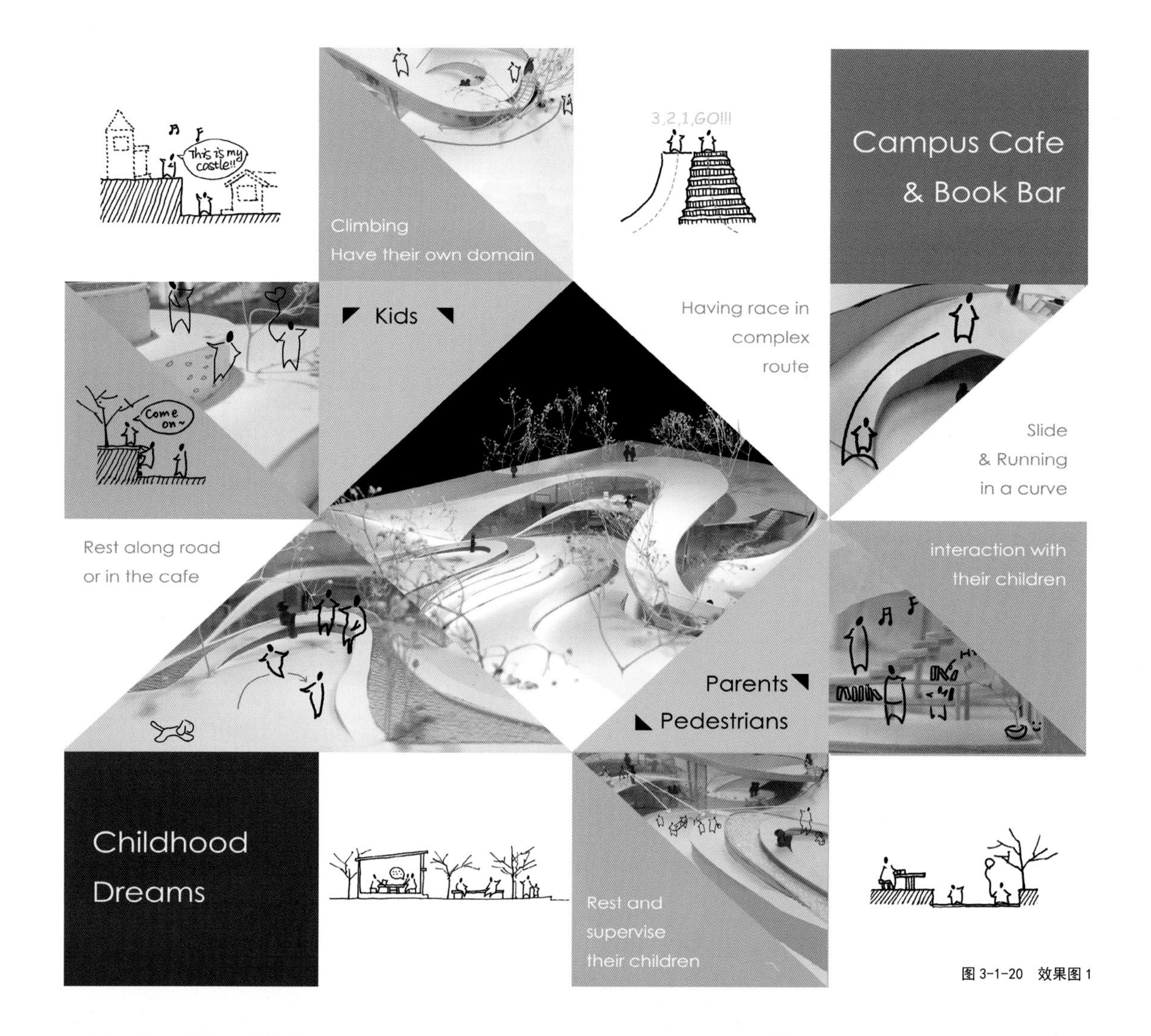

图 3-1-20　效果图 1

图 3-1-21　效果图 2

方案六

任务课题：西门口设计

设计策略：社区农园

设计思路：作品选址在天津大学西门外的教职工小区，小区楼房已经有30多年的历史，目前住户多为普通市民，且以老年人为主。小区最大的问题是，仅有的绿化空间几乎全被老年人开辟成了菜地，同时大量公共空间被汽车占据，因此此次希望为小区的中老年人设计一处社区农园，既满足他们种菜的心愿，又为小区居民提供一处日常晒太阳、聊天的社交空间。

设计图：图3-1-22~图3-1-23

设计者：邓剑（2015级）

指导教师：胡一可，谭立峰，赵娜冬

作品点评：作者对社区农园的空间划分进行了探讨，同时对运营机制进行了探讨。作者对于经济和管理层面问题的关注值得鼓励。

图3-1-22 效果图

图3-1-23 概念生成过程

方案七

任务课题：西门口设计

作品名称：阑

设计策略：栅栏不能成为送外卖的阻碍

设计思路：项目选址在学生宿舍区的栅栏区域。学生经常点外卖，而外卖小哥无法进入宿舍区，只能在栅栏外离宿舍最近的地方等待递送。每到饭点，外卖小哥和前来取外卖的学生就乱作一团。另外，遇到刮风下雨等恶劣天气时，外卖小哥也只能在栅栏外焦急等待。因此希望在栅栏处设计一个有棚和隔档的摊位，棚子可以为外卖员和学生遮风挡雨，隔档可以编号，这样既节约了空间，又方便同学快速地找到对应的小哥取餐。

设计图：图 3-1-24~图 3-1-29

设计者：王爱嘉（2015级）

指导教师：赵娜冬，胡一可，谭立峰

作品点评：作者以简洁的设计语言对校园内外界面中的一个局部进行了设计。作者考虑了整个空间使用的流程，同时考虑了一天中发生的变化，从大学生的日常基本需求出发，为大家，也为自己做了一个颇具实用性的设计。

图 3-1-27的上图表现的是外卖小哥在栅栏外侧排队，节约空间，使同学们方便找到对应的小哥取餐。下图表现的是栅栏外侧有小车售卖食物时，纵向半人高的木板起到分割同学的作用。

图 3-1-24 场地现状

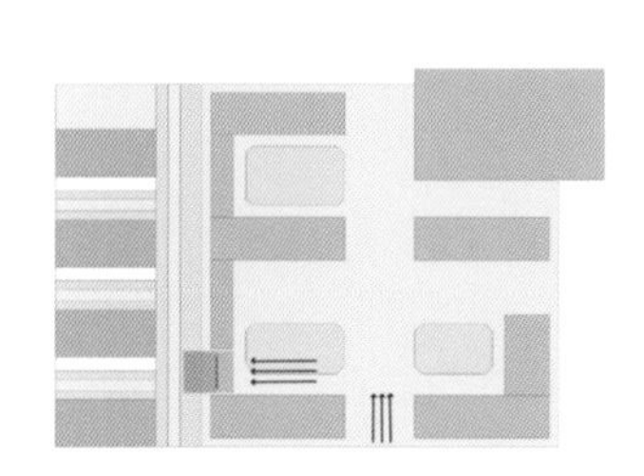

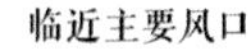

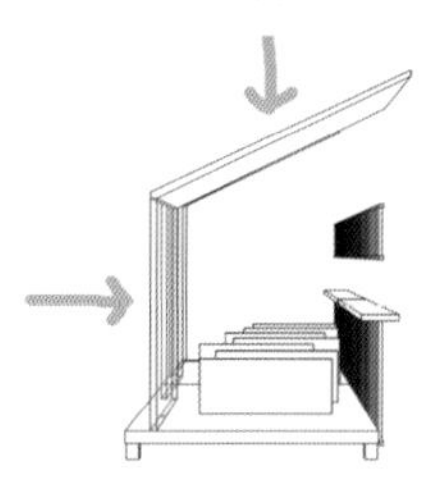

图 3-1-25 改造思路——遮风避雨

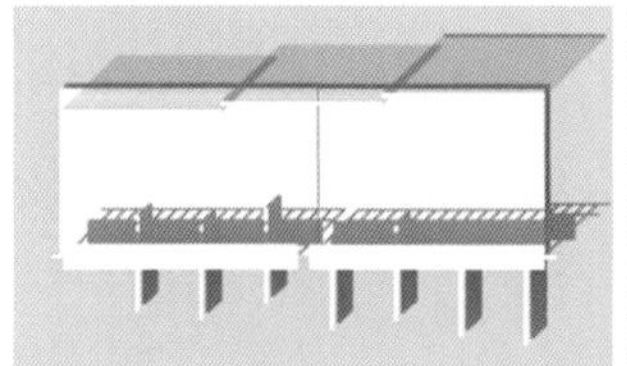

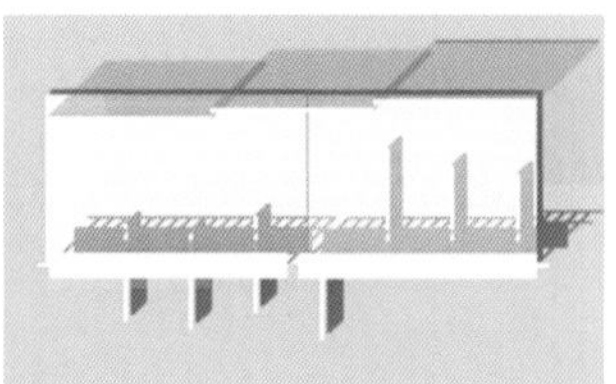

图 3-1-26 改造思路——秩序（a）

摊

图 3-1-27 改造思路——秩序（b）

光

图 3-1-28 改造思路——光

图 3-1-29 效果图

方案八

任务课题：校园咖啡书吧设计

作品名称：咖啡书吧

设计思路："曲水流觞"式的席地而坐空间

设计策略：环境会影响人的行为，要创造一个让人与人更易于发生交流的地方，最好通过行为引导，使人自然地卸下铠甲。席地而坐是作者在调研过程中发现的人的最自在的一种行为，这种行为能够拉近人与人之间的心理距离，营造陌生人之间暧昧、亲切的关系，而席地而坐的场所能让人们更亲近，更容易发生交谈、产生故事。

设计图：图 3-1-30~图 3-1-35

设计者：吴建楠（2016级）

作品点评："曲水流觞"是否提供了很好的空间模式，或者是否适用于现代生活并不是讨论的重点，由这一空间策略所产生的一系列空间结果令人印象深刻。

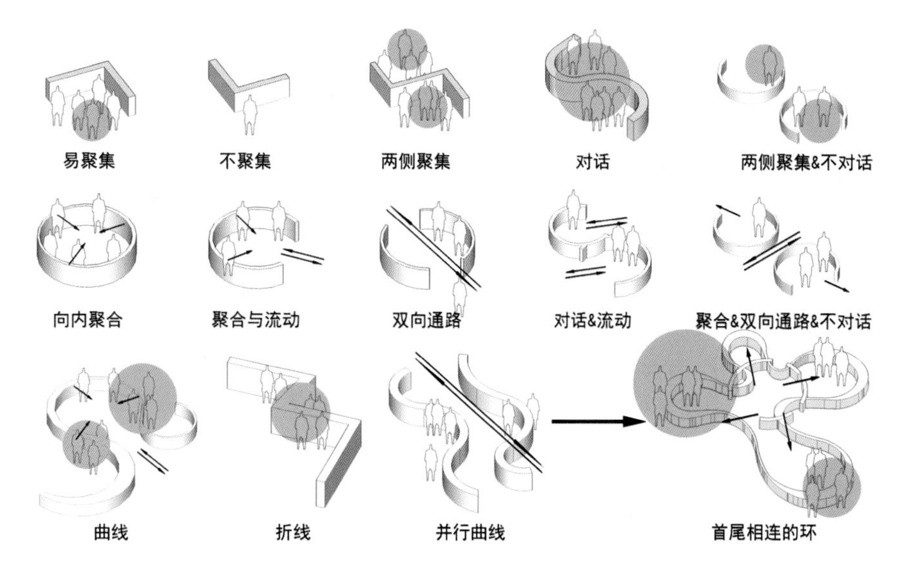

图 3-1-30 从场地中提取行为：席地而坐

图 3-1-31 效果图

图 3-1-32　行为匹配空间：“曲水流觞”式

豆豆沙发（伊东丰雄）

懒人沙发

拥抱装置

装置——云朵

拥抱让人温暖，人们喜欢温暖，喜欢柔软的东西。一个贴心的场所，它的家具也应该是温柔地将人托起的。我发现一个柔软的团子可以把人聚集起来，于是我制作了一个“云朵”，鼓励人们亲密接触。

缓慢回弹材质
水流
鸟叫
轻震
孩子的欢笑声

（触碰挤压会产生微小的声音）

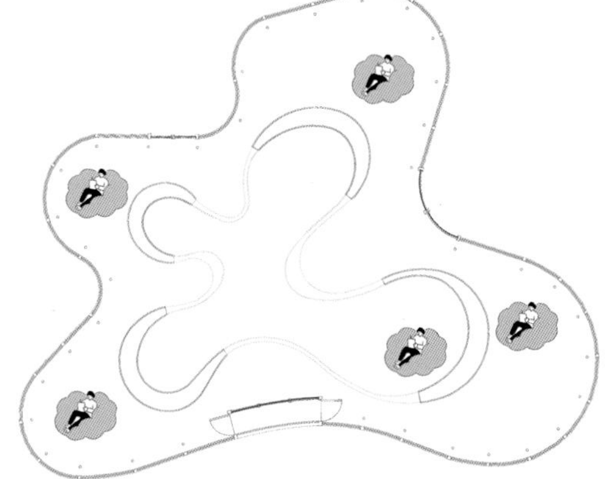

放置位置

簇拥

图 3-1-33　装置设计

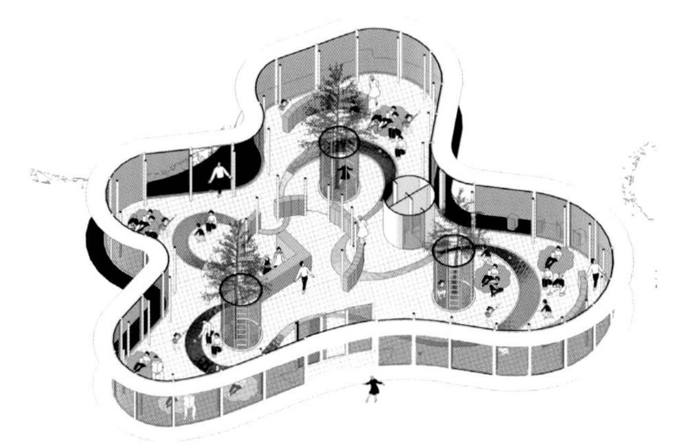

图 3-1-34 空间生成

图 3-1-35 设计作品模型

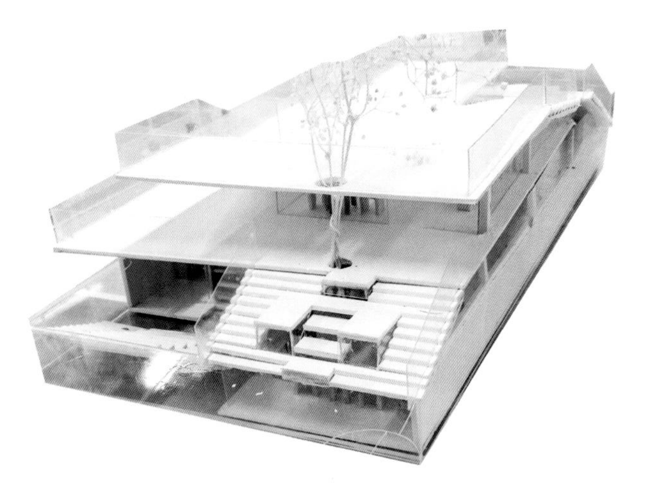

改变行为，激活空间

方案一

任务课题：校园咖啡书吧

作品名称：Go For Sitting Campus Cafe & Book Bar

设计策略：坐下喝一杯

设计思路：场地多通行活动，几乎没有人停留，调研发现，可以借助场地现存的两棵树来设计咖啡书吧，引导人们坐下来，使人的行为更多样化、场地更有活力。

设计图：图 3-1-36~图 3-1-37

设计者：罗珺琳（2013级）

指导教师：胡一可，苑思楠

作品点评：作者在公共性很强的区域创造了一个"等待"的空间，同时满足了可视、可达、可用三个层面的需求。

图 3-1-36　效果图

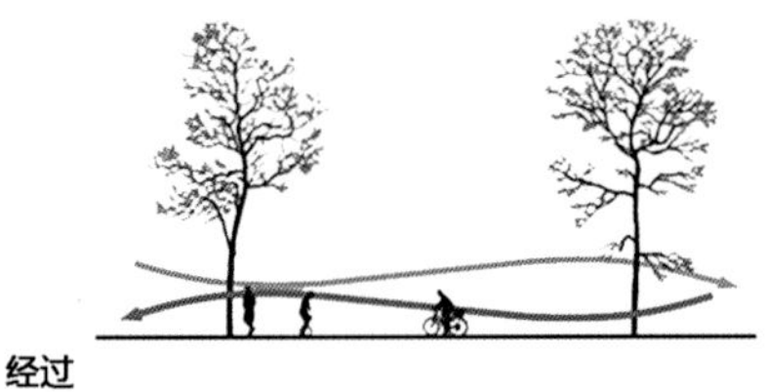

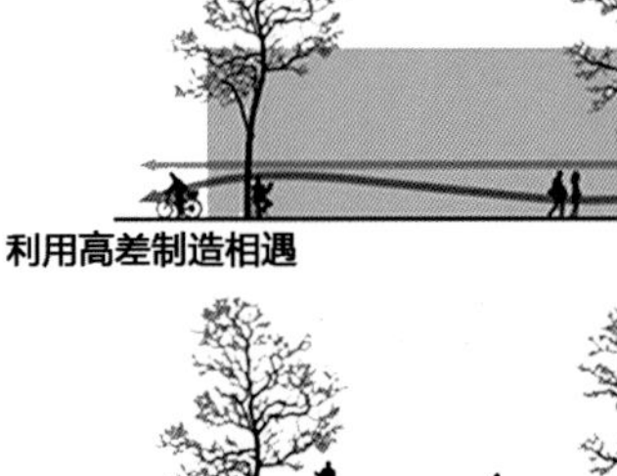

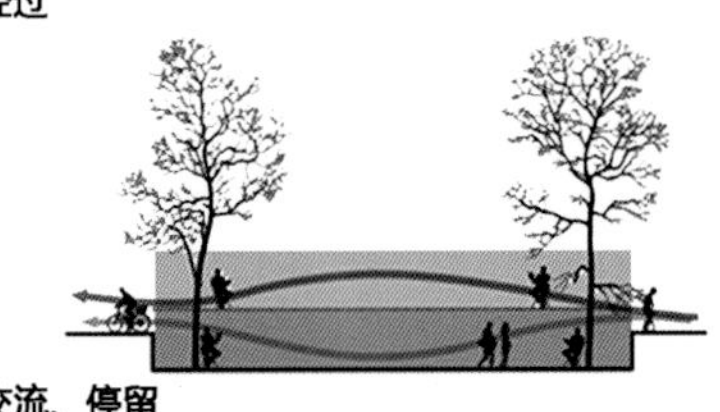

图 3-1-37　策略分析过程

方案二

任务课题：校园咖啡书吧

作品名称：天外有灯

设计策略：以建筑作灯塔

设计思路：调研得知，咖啡书吧的主要客源倾向于傍晚或晚上来消费，然而该场地人迹罕至，黑暗是令行人不愿靠近的主要原因。因此设计方案提出在“无人区制高点点亮一盏晚灯”的概念，为夜晚的行人指明方向，同时激活这一片区。

设计图：图 3-1-38~图 3-1-43

设计者：毛升辉（2013级）

指导教师：胡一可，苑思楠

作品点评：这是一个很“奇葩”也很炫酷的设计，也是一个较难空间化的设计，但设计针对的问题在空间中普遍存在而且十分尖锐。从改善人居环境和承担社会责任的角度考察，本案无疑是成功的设计。

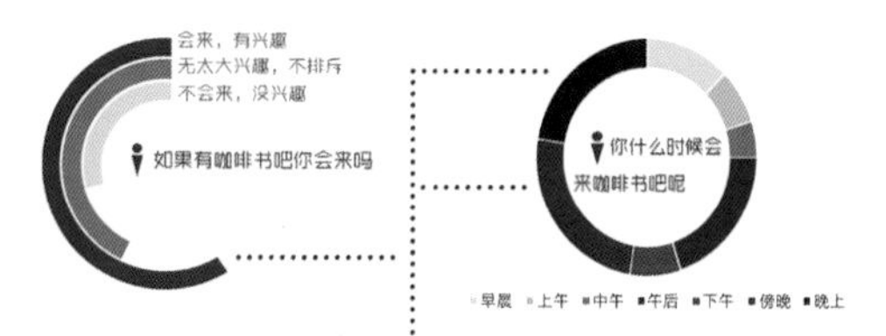

图 3-1-38 现状分析

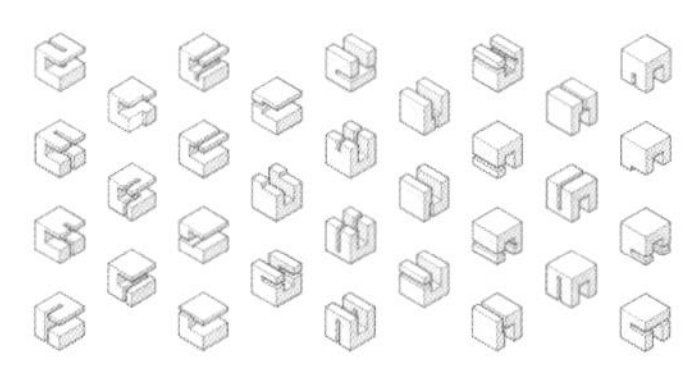

图 3-1-40 方案设计过程：形式生成

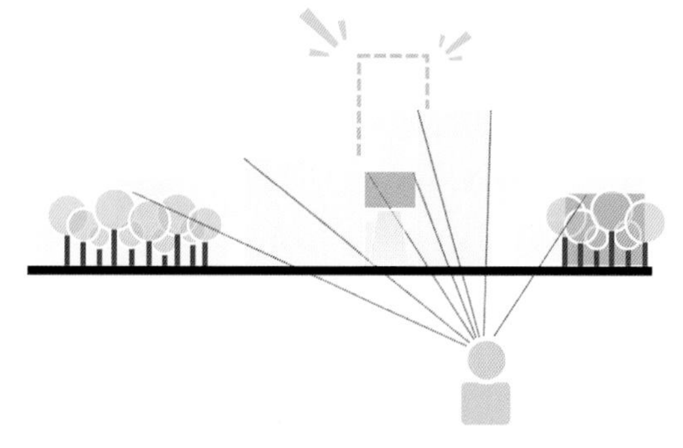

图 3-1-39 方案设计过程：概念生成（以建筑作光源，点亮无人区；选址制高点，确保视线通达）

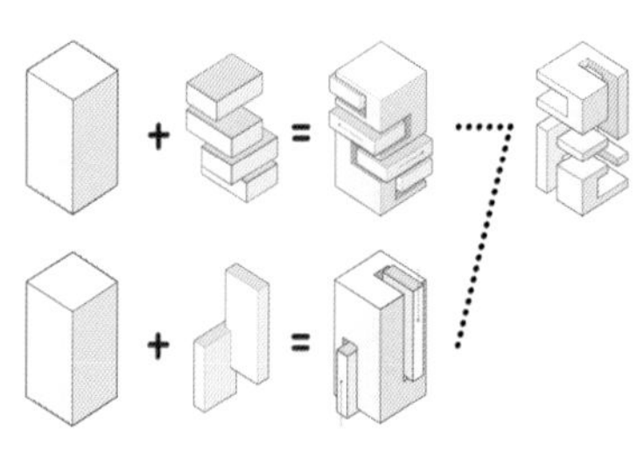

图 3-1-41 方案设计过程：形式操作

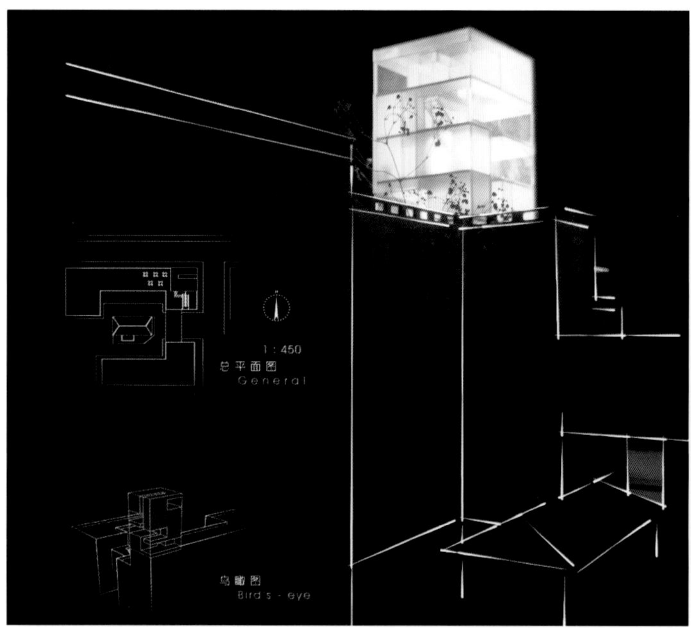

图 3-1-42 设计作品外景透视图

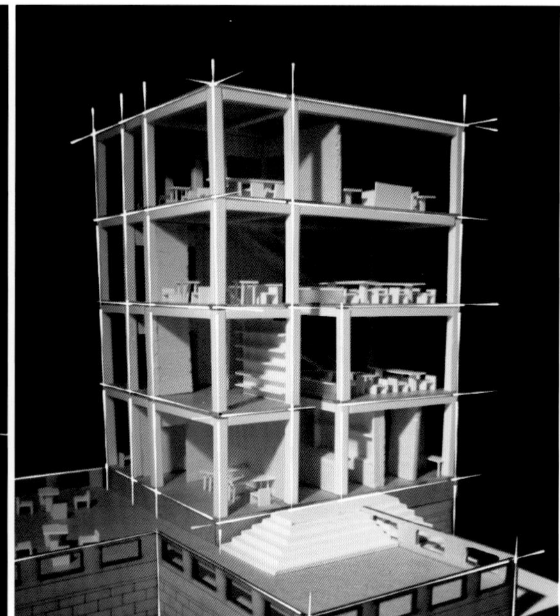

图 3-1-43 设计作品内部空间模型

公共空间属性多元化

方案一

任务课题：校园咖啡书吧

作品名称：Association in Alley

设计策略：挖掘公共空间作为停留空间的可能性

设计图：图 3-1-44~图 3-1-51

设计者：丁雅周（2014级）

指导教师：胡一可，谭立峰，苑思楠

作品点评：作者以多种类型狭窄的空间为出发点，诠释了场地特征，同时也为自己的设计带来了文脉上的缘由，进而探索了一种可能性。“善于发现”是设计成功的关键。

图 3-1-44 场地现状调研 1

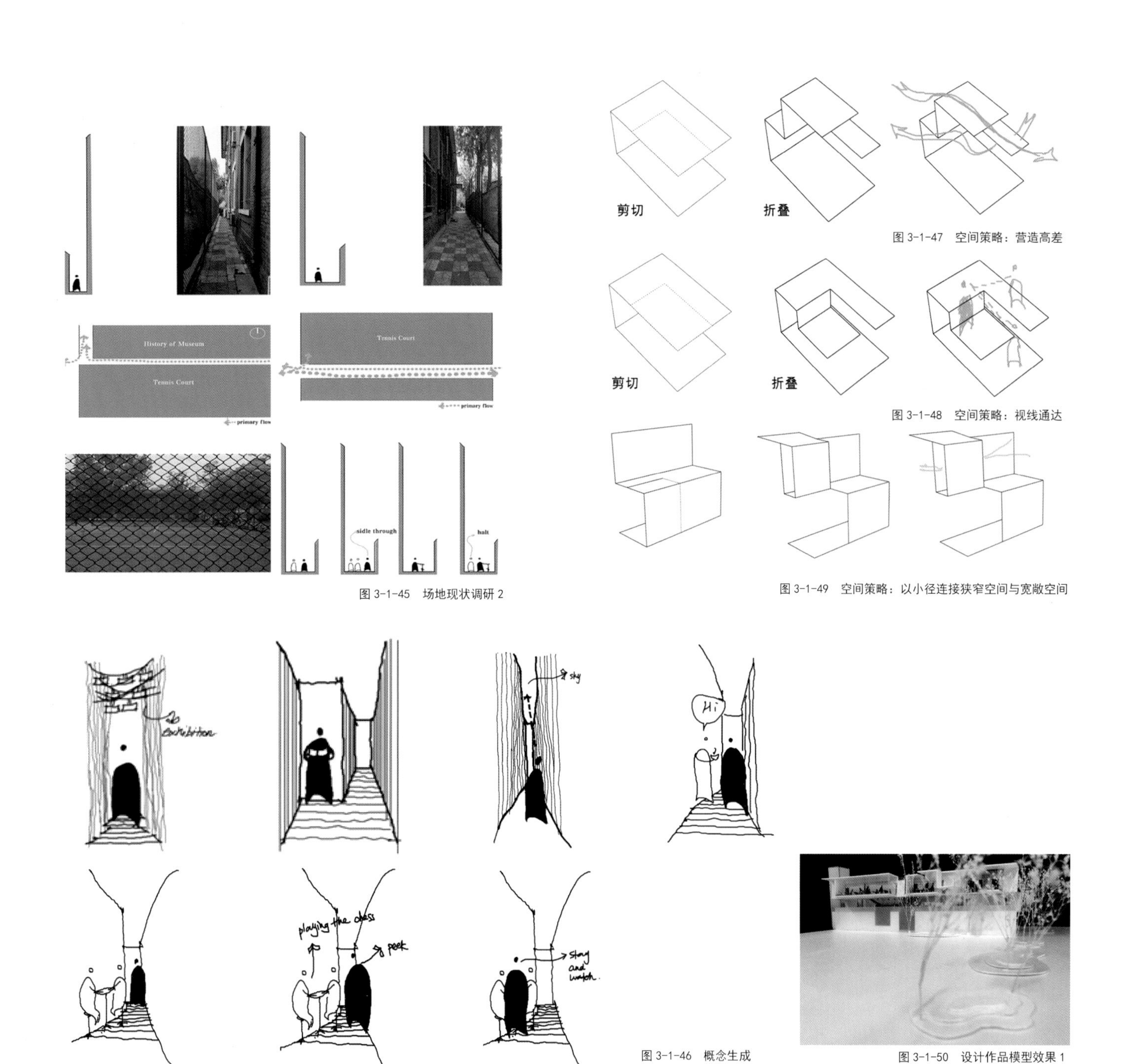

图 3-1-45 场地现状调研 2

图 3-1-47 空间策略：营造高差

图 3-1-48 空间策略：视线通达

图 3-1-49 空间策略：以小径连接狭窄空间与宽敞空间

图 3-1-46 概念生成

图 3-1-50 设计作品模型效果 1

图 3-1-51　设计作品模型效果 2

方案二

任务课题：社区中心设计

设计策略：公共空间为各年龄段人群的活动提供可能

设计思路：设计希望通过吸引社区中的人们来此活动，从而激活消极的棚户区。有句话说，阶级的鸿沟只会越来越宽，最终阶级与阶级之间在物理意义上完全隔离。在拍场地鸟瞰图时，作者感觉看到的景象就是在展现着这种逐渐清晰的隔离，建筑明显分为3段，棚户区被完全隐藏起来。棚户区存在用水、用电、取暖等基本生活问题，这些问题长时间没有被解决的原因是这里不被关注，使用者的基本需求就如同他们的家一样被隐藏、被忽视。本次设计不是直接解决这些主要问题，而是通过在这里创造一个社区中心激活棚户区，用价格便宜、组装方便的集装箱建造"棚户区的高层"，从而暴露问题，引起城市中人们对这片区域的关注。

设计图：图 3-1-52~图 3-1-58

设计者：郭布昕（2016级）

指导教师：孙德龙，胡一可

图 3-1-52　场地现状调研

作品点评：社区营造、废弃物再利用等主题均在此设计中被体现，作者的策略与一般的设计不同，通过英雄式的形式表达将社区公共事务展示出来。

图 3-1-55 棚户区改造效果图 1：吸引社区居民活动，激活消极空间

快速组装

顶侧梁 角件 角柱 锁杆 锁链 侧板 底梁

组合

并联 对角 重叠 相交

节点

图 3-1-53 设计策略

郝景芳在《北京折叠》中构建了三个相互折叠的世界，隐喻上层、中层和下层三个阶级，在不同的空间里，分别住着不同的人，按照不同的比例分配着 48小时。在此次的场地调研中，设计者仿佛看到了小说中的场景。

设计将原有居委会改造后，留出的空地可用于绿化加展览，通过向人们展示棚户区居民的生活，使问题暴露，引起人们的关注，从而解决问题。

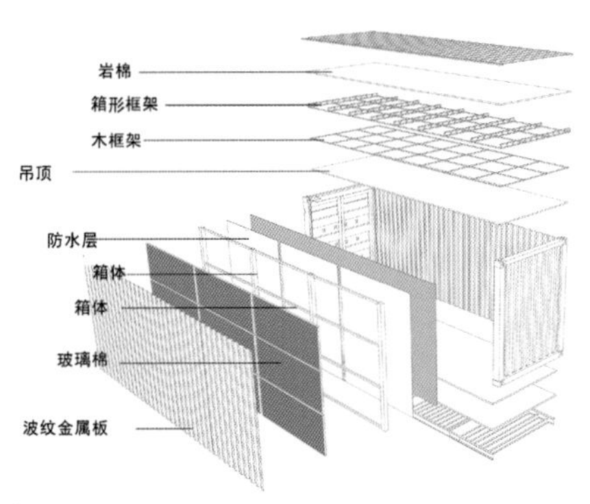

图 3-1-54 集装箱构造及材料

图 3-1-56 棚户区改造效果图 2：原有居委会被改造为具有展览功能的绿地

图 3-1-57 棚户区改造效果图 3：社区餐厅和老年日间照料站

作者从居委会了解到，天津大学六村的居民中，老年人占比很大，年纪大的老人不方便做饭，有些老人无人照顾，棚户区居民忙于工作，也来不及给孩子们做饭。他们觉得社区餐厅的想法很好，并且打算设立老年日间照料站，目前正在计划中。因此，本次设计结合居民的这种诉求，在方案中设计了社区餐厅和老年日间照料站。同时，设计者还希望，社区里的孩子们抬头看到的，不只是棚户区破旧的屋顶以及狭缝中的一点点天空。

图 3-1-58 棚户区改造效果图 4

方案三

任务课题：校园咖啡书吧设计

作品名称：The Living Room in the Dormitory

设计策略：变宿舍区停车场为宿舍区“客厅”

设计思路：设计选址于南开大学 21号宿舍楼中庭，面积约 1 100 m^2，此处是学生回宿舍的必经之路。原场地为自行车停车场，停放约 450辆自行车。除了停车，这么大面积空间别无他用。作者在调研过程中观察到场地中心虽有长椅，但十分简陋，学生们只是匆匆走过，在此少有停留，缺乏大学生宿舍公共空间应有的生机和活力。基于此，作者提出将咖啡书吧作为“宿舍的客厅”的概念，试图为此宿舍区的学生提供交流讨论的场所，让中庭区域更为积极开放，并试图将自行车作为具有趣味性的景观。家庭中的客厅是相对公共的场所，具有开放、便捷、融合的氛围和特点。作者希望在这个场所中，不管使用者是在喝咖啡、看书、交谈、等待、休息，还是独处、约会、聚会，都能与周围人群融为一体，如同在家里一样自由、自在。

设计图：图 3-1-59~图 3-1-65

设计者：任叔龙（2016级）

指导教师：胡一可，孙德龙

作品点评：俯瞰建筑全貌是一种独特的体验，作者将此事做到了极致，采用透明屋顶，让建筑内部的生活成为周边宿舍中学生可以看到的风景。

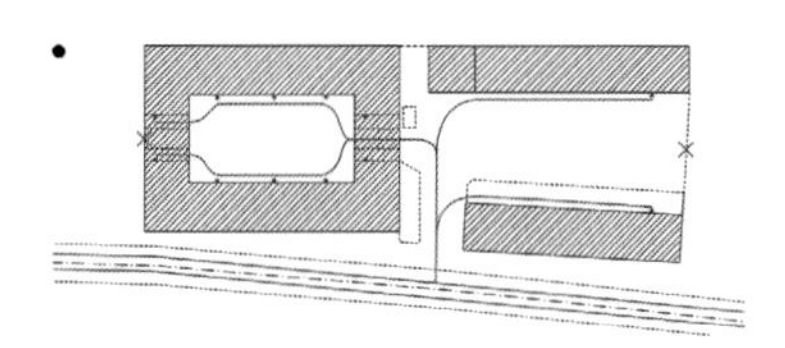

主要路径均靠近宿舍楼，宿舍区只有一个出入口。两个中庭的中心被自行车隔开，不利于交流

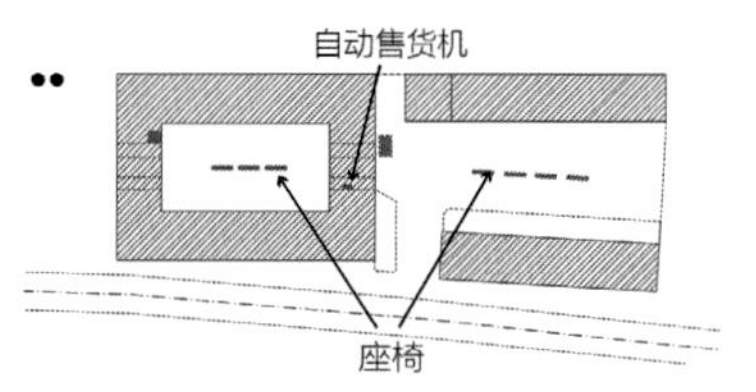

座椅分布于自行车停车场中心，无法提供私密空间也无法促进交流。自动售货机使用率高，但无法满足购买需求

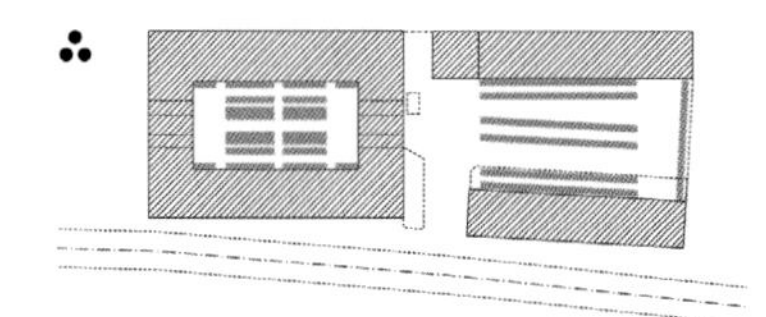

西侧停车位约450个，停放紧密，甚至堵塞道路；东侧停车位约有600个，停放疏松，道路宽阔。废旧自行车比例约为5%

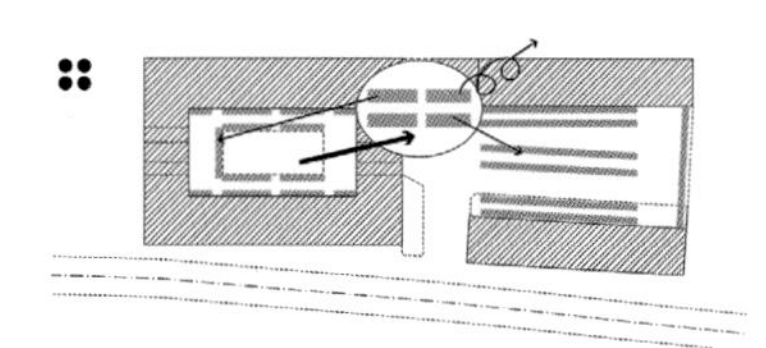

清理左侧中庭的中心区域的自行车作为咖啡书吧的基地

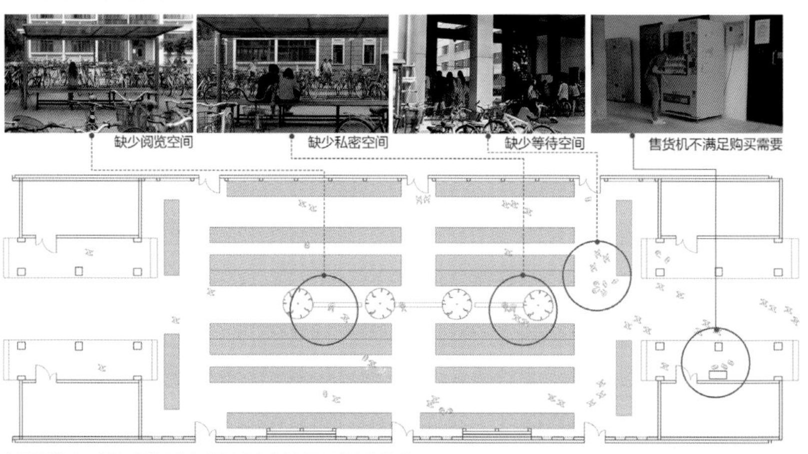

由于西侧出入口封闭，场地上的人群分布呈现东侧喧闹西侧安静的景象

图 3-1-59　场地现状调研分析

一个宿舍的公共区域应该是什么样子的？

现在这里只有睡觉的地方和停车的地方，简直太无聊了。从街道到卧室之间一定还少了什么……

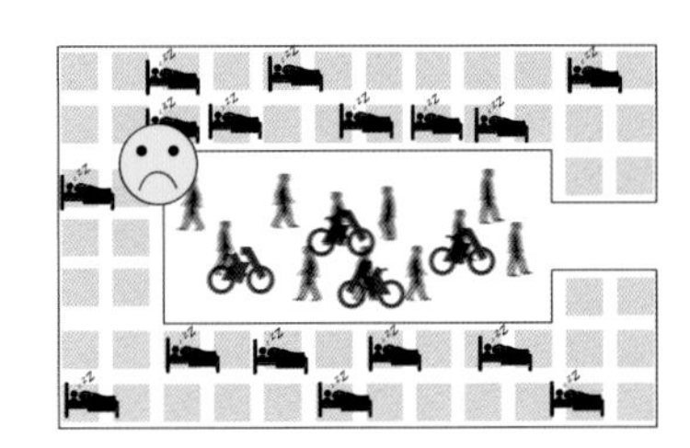

都说宿舍是我家……我家可不这样！

那一定是因为这个家还少一个客厅！没有客厅的地方怎么能称为家？

那我想这个客厅一定是宽敞明亮的而且使用者要像在家一样放松自由，畅所欲言。

当然还要放得下自行车。

图 3-1-60 概念生成

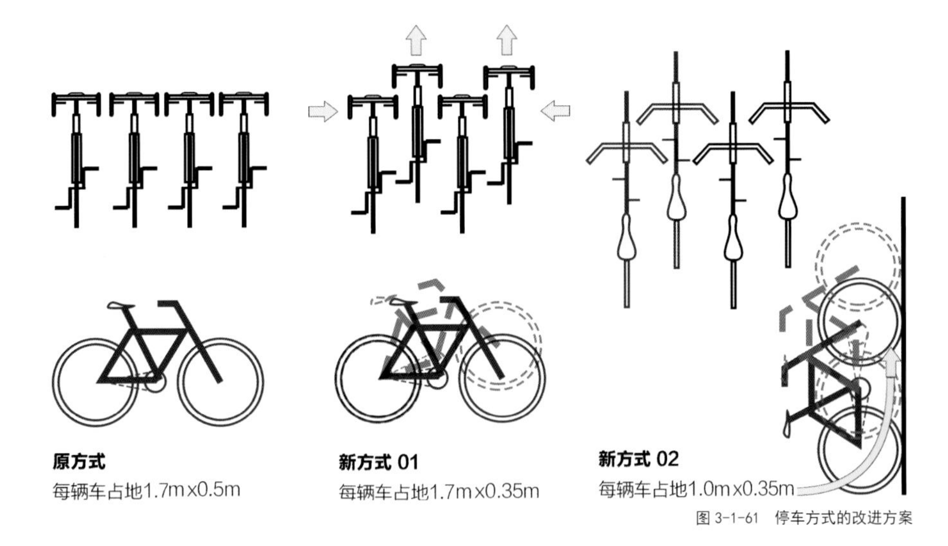

图 3-1-61 停车方式的改进方案

图 3-1-62　停车方案效果图

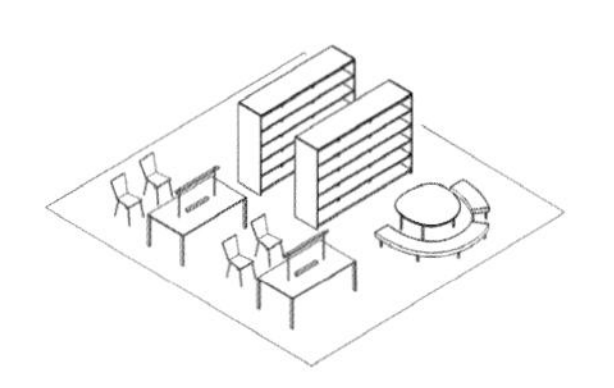

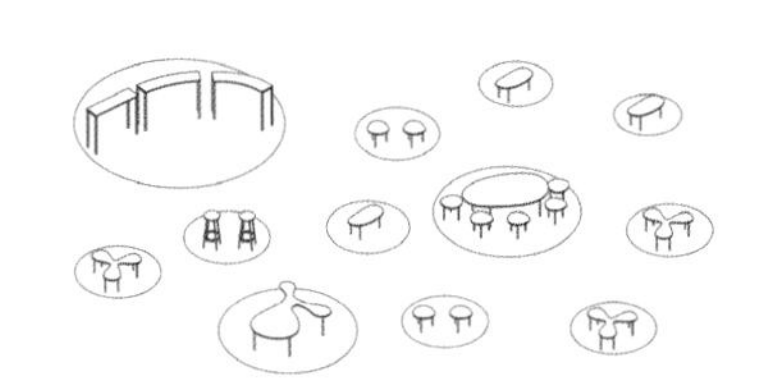

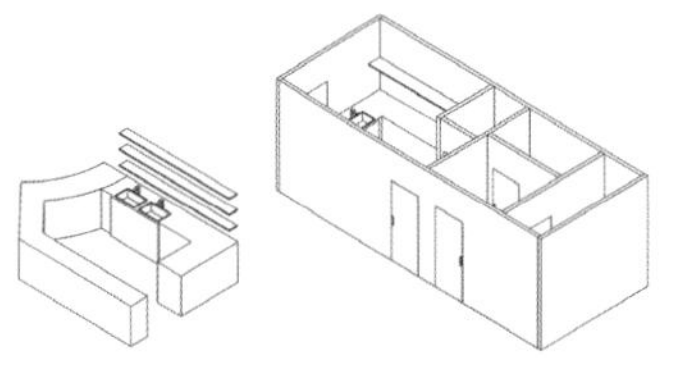

图 3-1-63　用家具区分空间

图 3-1-64　设计方案效果图 1

图 3-1-65 设计方案效果图 2

3.1.2 空间原型

在此阶段，学生应根据选定人群的行为需求提出功能配置方案及空间形式的生成策略，对行为的空间可能性进行原型化的图解探讨。常用的策略包括：

（1）设计并置、偶尔交错的空间；

（2）体现空间的差异性；

（3）分离私密与公共空间；

（4）从场地中提取空间。

并置、偶尔交错的空间

方案一
任务课题：校园咖啡书吧
作品名称：褶
设计策略：人与猫并置的空间
设计思路：场地上有很多树枝和猫，树枝落在地上会有猫待在上面，它们以为树被砍了；人若留住树，可能猫就跑了。人在建筑里和猫在建筑里是相似的，在树枝里有好多小空间串联。
设计图：图 3-1-66~图 3-1-68
设计者：李文爽（2012级）
指导教师：胡一可，苑思楠
作品点评：为什么喜欢这个空间？一是源于空间本身；二是源于空间使用者，当然猫本身也是空间使用者；三是可能跟空间和使用者都无关，仅与意识形态有关。意识形态在第一个课题咖啡书吧里体现得不是特别明显，但是在下学期“建筑的诗意栖居”里我们找了环秀湖这种有山有水的地方，就慢慢有了意识方面的感觉。上半学期学生注重的基本都是空间本身和空间使用者。

从使用者这个角度来讲，大的关系可以分成人和动物，或者别的分类。空间方面，有的是关于空间的形，有的是关于空间界面，可能空间就像镶牙一样创造了一个界面。可能作者觉得以前的空间界面不太行，所以重新设计了空间界面。有的方案做得也挺好，比如做一个连通系统，在立体上形成若干平台跟已有的建筑环境进行连通。前期，设计者在屋顶上跑来跑去做了许多调研。这是不一样的空间策略。

图 3-1-66 场地分析

方案"褶"的灵感来自于大肠，弯曲回环营造出多种使用空间。而对海绵的解构与再现对整个褶皱空间进行了填充，使整个空间丰满起来。

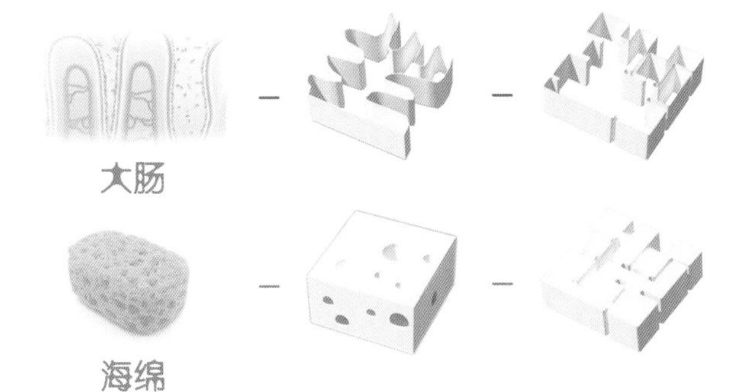

图 3-1-67 方案形成过程 1

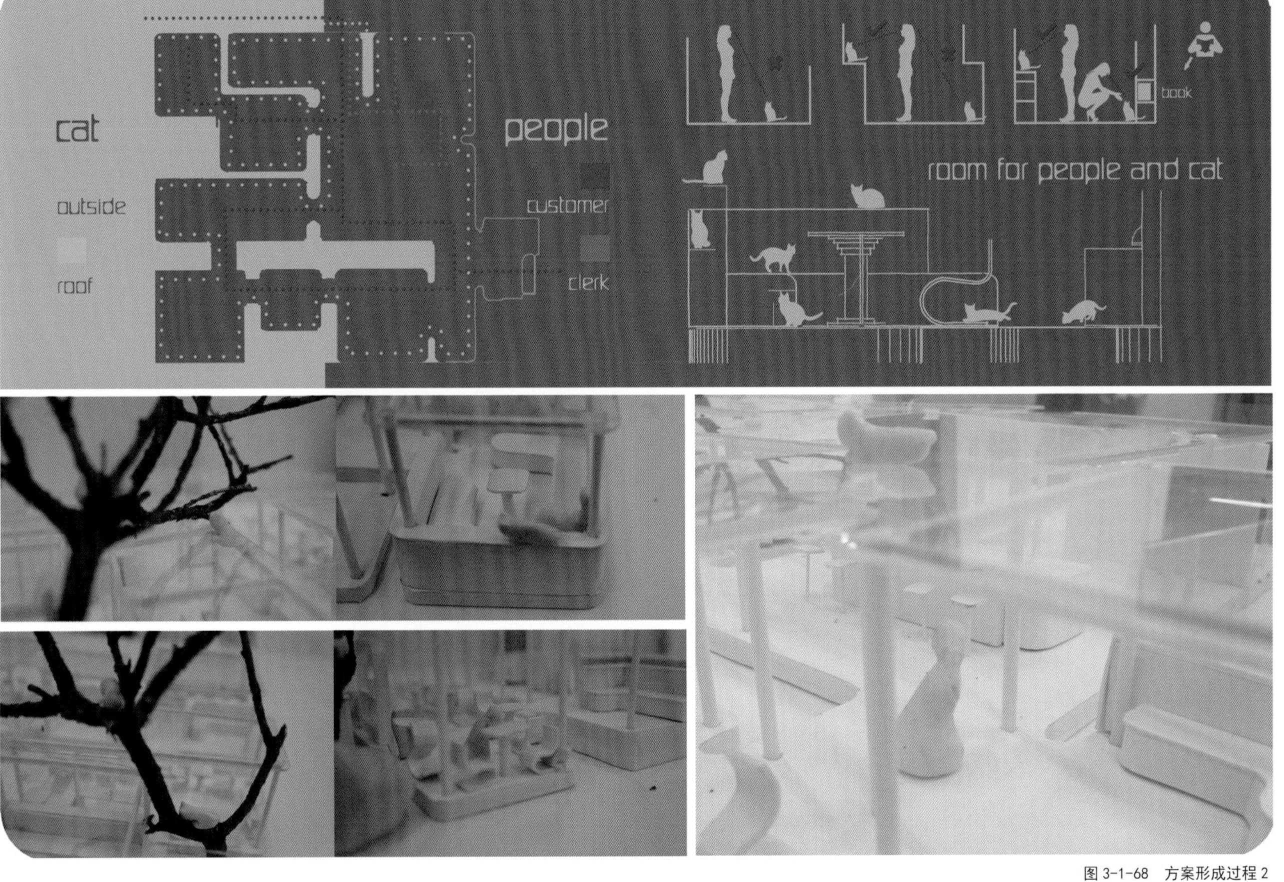

图 3-1-68 方案形成过程 2

方案二

任务课题：校园咖啡书吧

作品名称：夜里偷闲

设计图：图 3-1-69~图 3-1-70

设计者：吴韶集（2014级）

指导教师：苑思楠，胡一可，谭立峰

图 3-1-69　空间原型

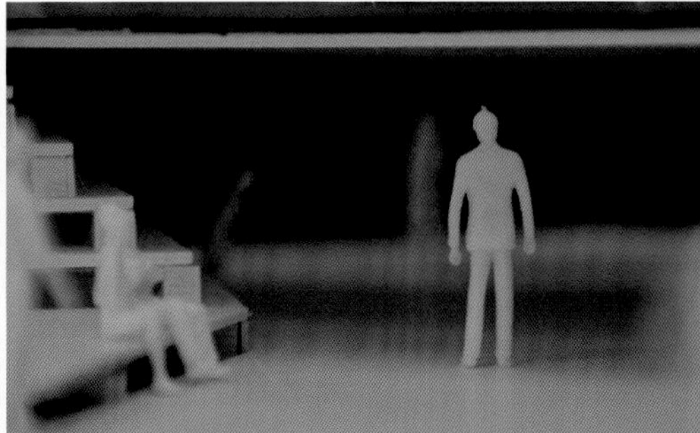

图 3-1-70　方案模型

作品点评：作者对“门”的设计为无特征的空间树立了标志物，同时也形成了一种独特的空间边界，多种活动在这一边界层中开展。

空间的差异性

方案一
任务课题：校园咖啡书吧
作品名称：宅
设计策略：每个人对空间使用需求的差异性
设计思路：在优美的校园里，宿舍已经不能满足作为大学生休闲娱乐的私人空间的要求。在为大学生提供宅的空间的同时，又需要关注他们亲近自然的愿望。因此，“宅中观树、树下蜗居”，便形成本次设计方案的灵感。

为什么这座建筑会成为咖啡书吧？为什么大家爱去 109？因为丰富性和温馨感。考虑咖啡和书结合后的特殊性，思考如何让大部分来的人都感到舒适，设计者想要塑造不同的“宅空间”，创造一个人喜欢在里面窝着的地方，而不希望它太通透。
设计图：图 3-1-71~图 3-1-73
设计者：谢美鱼（2012级）
指导教师：苑思楠，胡一可

作品点评：作者首先配合适宜的人体尺度创造出最简单的小型空间，这种小型空间在横纵向上均可操作，并在一定的组织下形成丰富的组合型空间，不仅能给人窝着的感觉，还能带来了连续的变化，让人感受到半层与错层的趣味性。

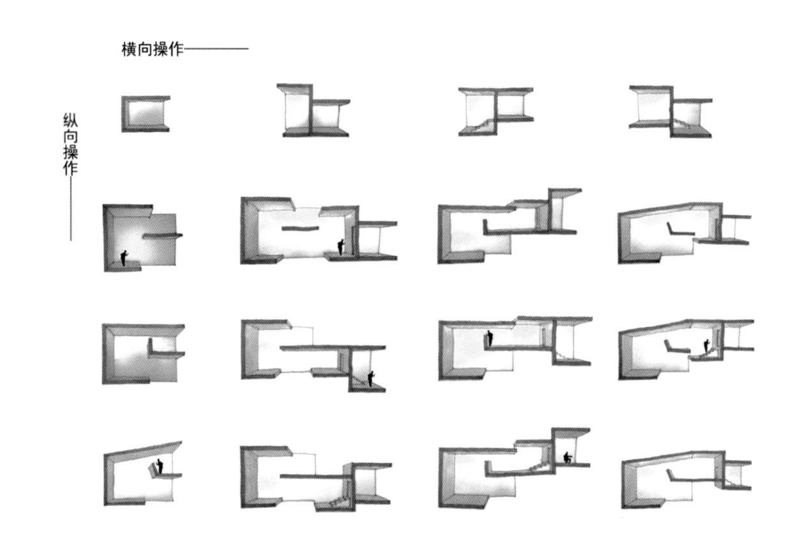

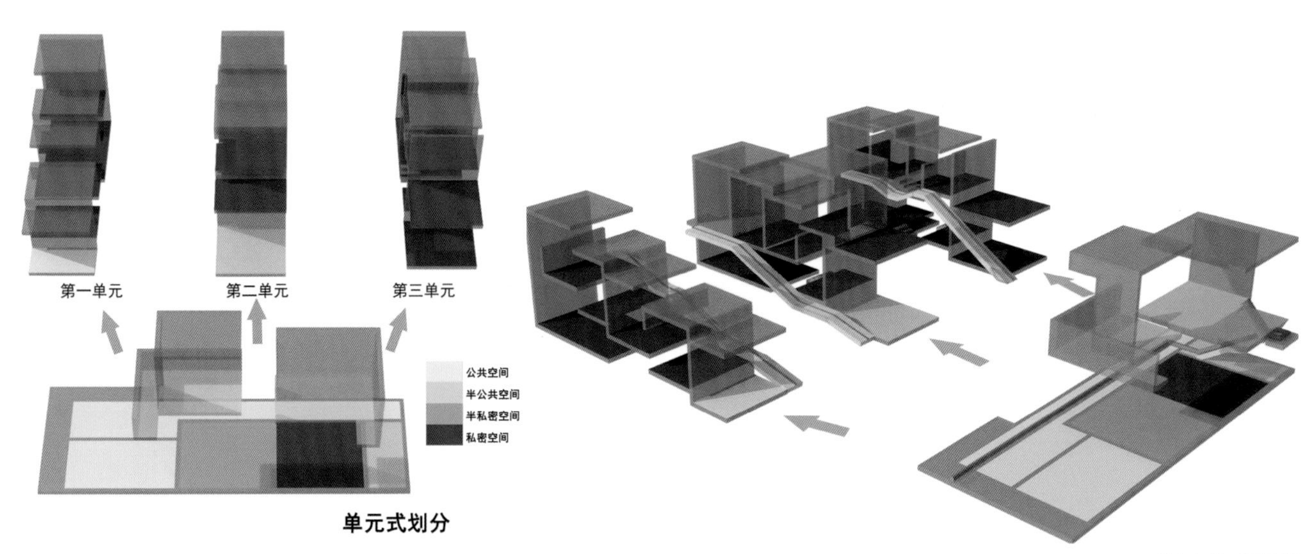

图 3-1-71 空间操作

图 3-1-72 方案模型

图 3-1-73 方案效果图

方案二

任务课题：校园咖啡书吧

作品名称：Climb in the Cafe

设计图：图 3-1-74~图 3-1-75

设计者：宋子玉（2014级）

作品点评：这是一个纵向发展的空间体系，为了将体验做到极致并最大限度地保证空间效率，作者以攀爬方式组织纵向空间。

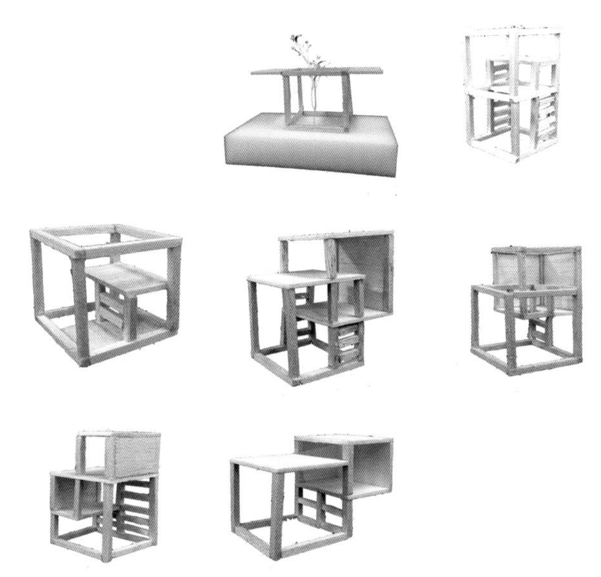

图 3-1-74 空间原型

图 3-1-75 空间操作

私密与公共的分离

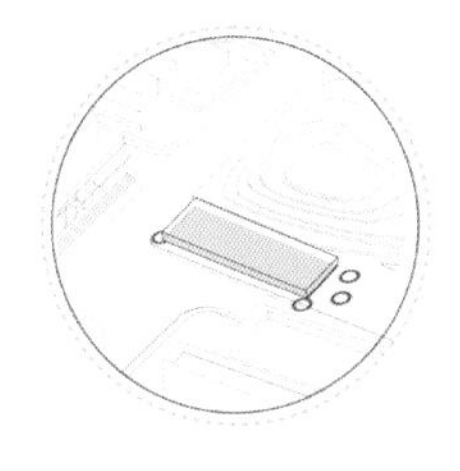

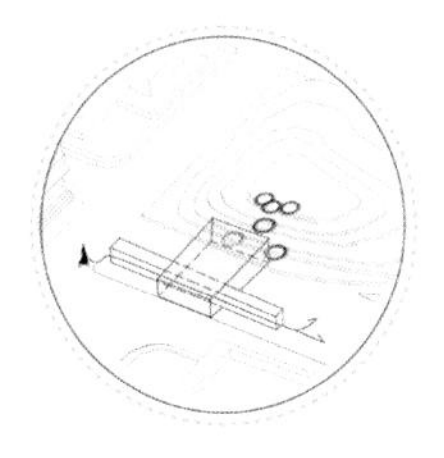

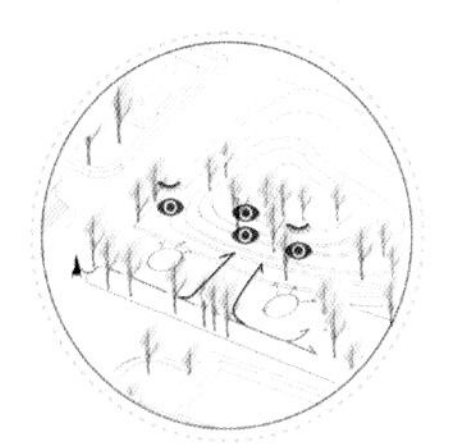

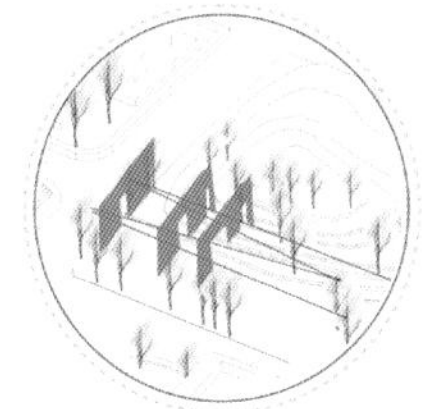

图 3-1-76 分析图

方案一

任务课题：校园咖啡书吧设计

作品名称：In-between

设计策略：营造公共空间中的私密空间，以观景作为建筑的核心理念

设计图：图 3-1-76~图 3-1-78

设计者：刘畅翔（2016级）

指导教师：胡一可，孙德龙

作品点评：场地中缺少明确的空间分区，也缺少良好的观景空间。作者通过一组层状空间，既对整体空间进行了划分，又合理地设置了景观点和观景点，运用借景、障景、导景、漏景等方式进行空间组织。

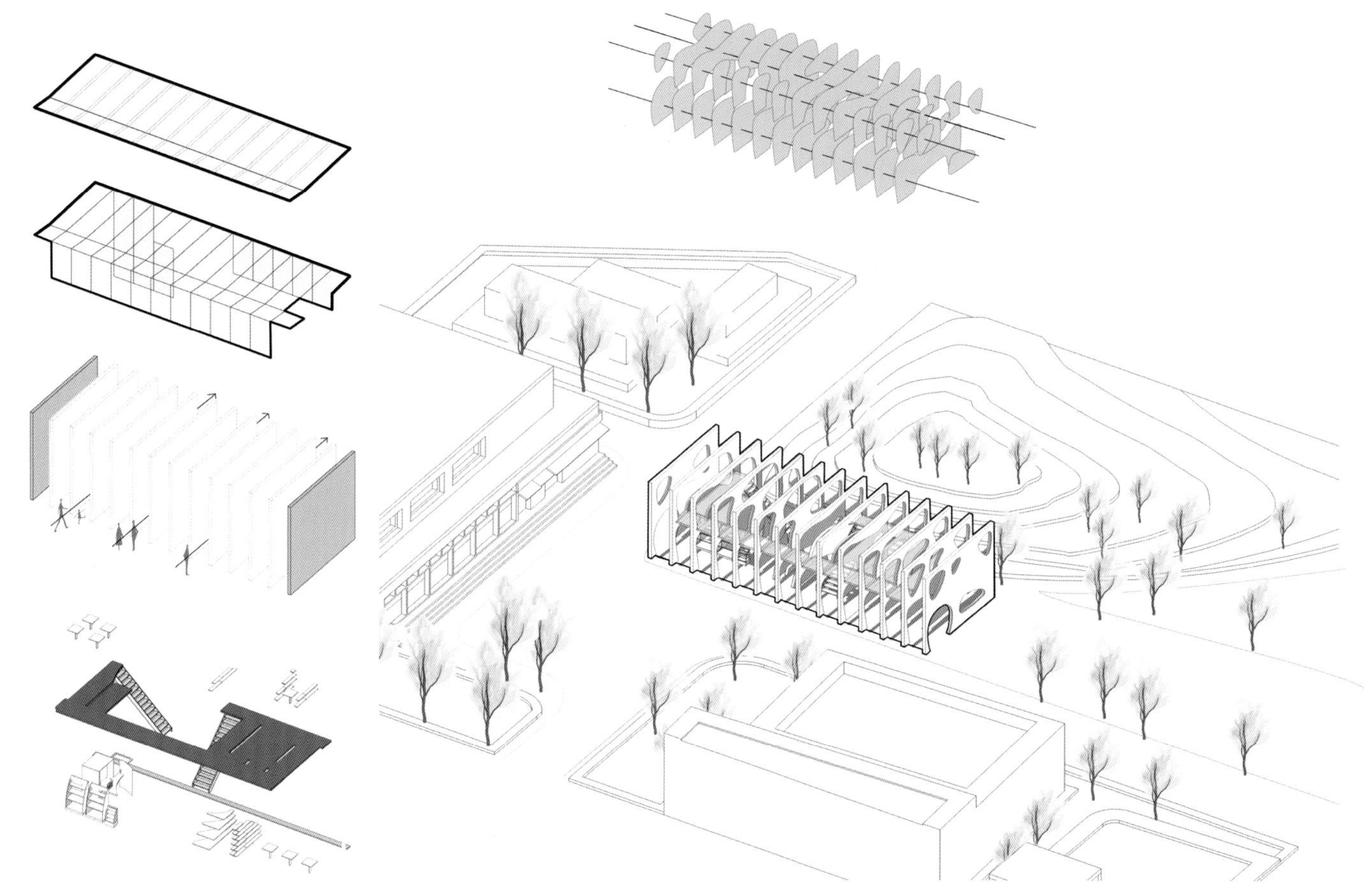

图 3-1-77 生成过程

图 3-1-78 方案模型

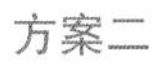

方案二

任务课题：校园咖啡书吧

作品名称：Show Me Your Music

设计策略：欣赏与展示（看与被看）

设计图：图 3-1-79~图 3-1-81

设计者：高悦（2014级）

指导教师：谭立峰，苑思楠，胡一可

作品点评：设计对建筑的表层空间进行了探讨，从城市的角度考虑了橱窗式的建筑表层空间取代建筑立面的可能性，从建筑的角度尝试了一种新的空间布局模式。

图 3-1-79 空间原型

图 3-1-80 空间意象

图 3-1-81 方案模型

方案三
任务课题：校园咖啡书吧
作品名称：Over the Street
设计策略：欣赏与展示（看与被看）
设计图：图 3-1-82~图 3-1-84
设计者：申子安（2014级）
指导教师：胡一可，苑思楠，谭立峰
作品点评：在狭窄的巷道中，在保证原有停车空间的基础上形成步行和体验空间，创造新的街景，也带来了复合的功能。

图 3-1-82 空间原型

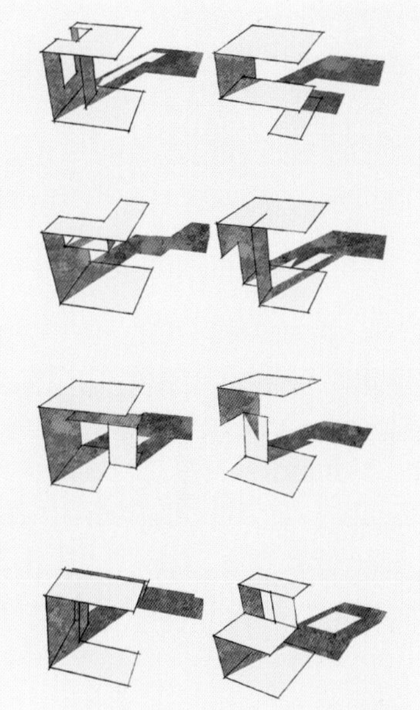

图 3-1-83 空间操作

图 3-1-84 方案模型

从场地中提取空间

方案一

任务课题：诗意的栖居

作品名称：存在与虚拟——山地别墅设计

设计思路：图 3-1-85展示的是激发设计者灵感的装置，它利用镜面反射的原理，通过切面以及构建上下方向的装置，能够最直观地展现出一个不存在却能让人感受到的平面，这既是对空间的暗示，又代表正极与负极。

设计图：图 3-1-85~图 3-1-86

设计者：薛诚路（2015级）

指导教师：胡一可，孙德龙

作品点评：设计者并没有直接做出这个不存在却又能让人感受到的平面，而是利用场地环境和巧妙的反射原理，既暗示空间，又用这种正极与负极的概念表达对建筑与自然之间的关系的思考。

图 3-1-85是设计者做的一个激发其建筑设计灵感的装置。设计者并没有直接做出这个面，而是通过人对于反射的理解来暗示空间，想象的空间是无穷无尽且具有生命力的。其设计手法一方面运用了反射的原理，另一方面采用了空间暗示的方法。

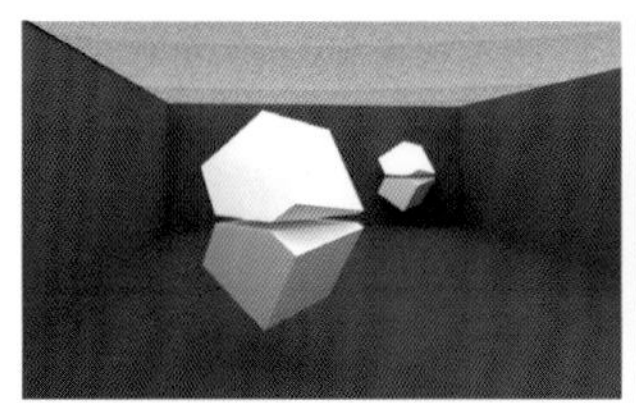

图 3-1-85 装置设计

图 3-1-86 方案效果图

方案二

任务课题：诗意的栖居

作品名称：诗意的住居——山地别墅设计

设计策略：与场地内现存老建筑呼应

设计思路：从场地老建筑中提取空间原型应用于新建筑，使之相互呼应。

作品点评：本项目的设计任务要求在建筑设计之前先做一个装置。什么是艺术装置？什么是艺术？现场调研回来后，设计者做出一个或几个装置作品来。通过装置艺术的手段来进一步达到建筑设计的目的。其实就是第一步先通过装置艺术的方法来训练学生如何将虚无缥缈的想法空间化。因为装置艺术是最能够空间化的。装置到建筑基本只有一步之遥，所以将艺术装置再进一步转译成建筑，这个建筑作品可能不成熟，但整个过程都在创新。

设计图：图 3-1-87~图 3-1-89

设计者：吴韶平（2014级）

指导教师：胡一可，谭立峰，赵娜冬

图 3-1-87 场地现状

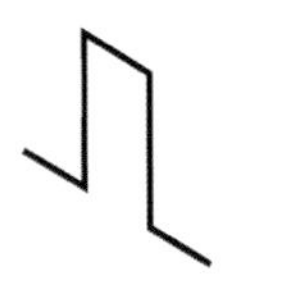

图 3-1-88 从场地中提取空间原型

作品点评：废墟美学是对过去的一种怀念，新与旧并置产生了迷人的空间体验。场地现存肌理为设计提供了诸多限制，也由此带来了一种机会。新建筑对场地既有空间进行重组，在质感上提供衔接，同时创造了一种有趣的互视关系。

图 3-1-89 方案效果图

方案三
任务课题：诗意的栖居
设计图：图 3-1-90~图 3-1-94
设计者：徐源（2014级）
指导教师：胡一可，谭立峰，赵娜冬

图 3-1-90 场地调研

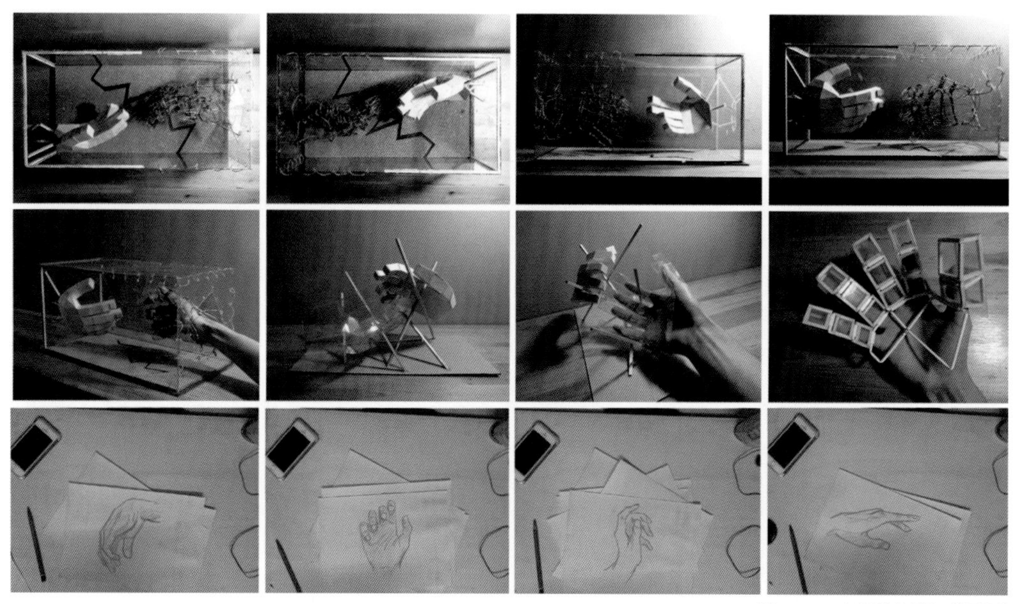

图 3-1-91 方案设计过程：装置设计

作品点评：作者创建了一种空间的嵌套关系，以代际关系为出发点，同时这种嵌套考虑了跟现场地形的关系。作者所做的"手"的装置试图从感官的角度探讨这种嵌套关系。

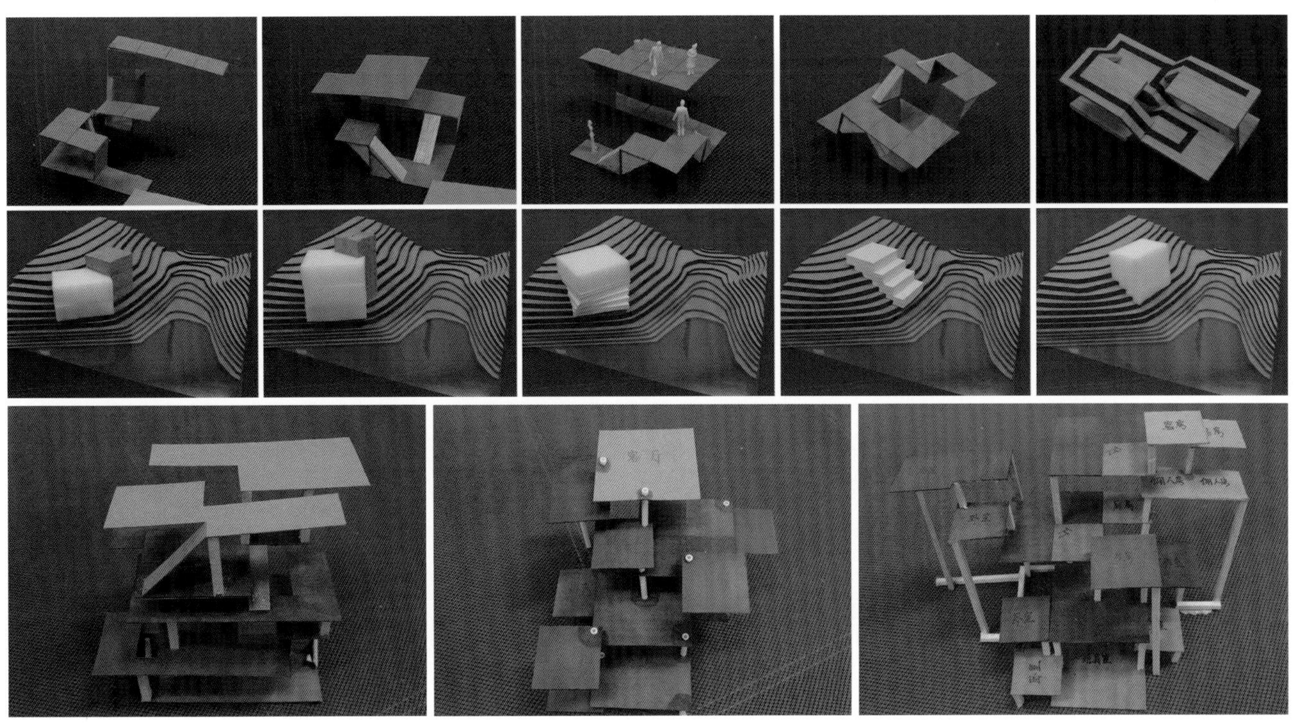

图3-1-92 方案设计过程（第一行为，空间原型——体现错层；第二行为，体量处理——朝向景观、层次丰富；第三行为，功能分区——与迷宫路线相结合）

图 3-1-93 方案效果图

图 3-1-94 方案模型

方案四

任务课题：诗意的栖居

作品名称：诗意的栖居——小型旅馆设计

设计思路：从场地现状中提取观景画框

设计图：图 3-1-95~图 3-1-99

设计者：任叔龙（2016级）

指导教师：胡一可，孙德龙

图 3-1-95 场地现状

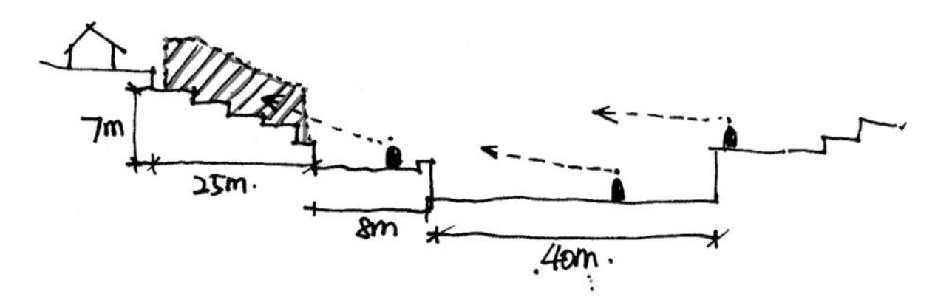

图 3-1-96 选址处剖面

图 3-1-97 意象提取

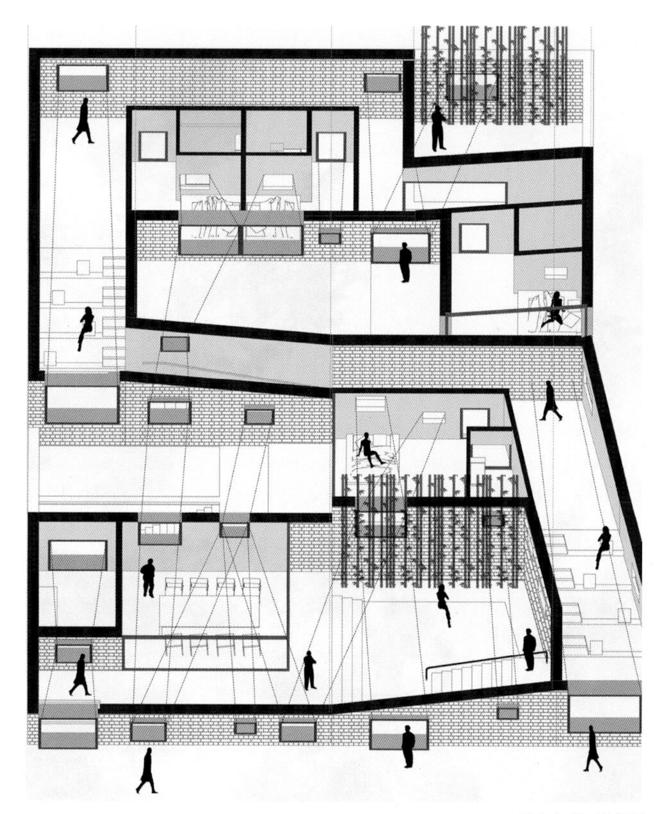

图 3-1-98 轴测图

作品点评：设计的过程也是寻找原有场地肌理的过程。本设计中线性的串联关系在视觉层面完善了立视的层状肌理，在交通层面顺应了场地的空间组织方式。路径 +节点的形式产生了一系列具有趣味性的空间。

图 3-1-99 效果图

方案五
任务课题：校园咖啡书吧设计
作品名称：快闪咖啡书吧
设计思路：从场地现状中提取空间要素及空间原型
设计图：图 3-1-100~图 3-1-102
设计者：刘智娟（2016级）
指导教师：胡一可，孙德龙
作品点评：方案力图在原有的建筑空间框架下创造完整的空间路径，既形成了较为独立的空间体系，同时激活了原有建筑的空间。路径设计与空间设计一体化，设计一直在探讨基于路径的空间界面和要素问题。

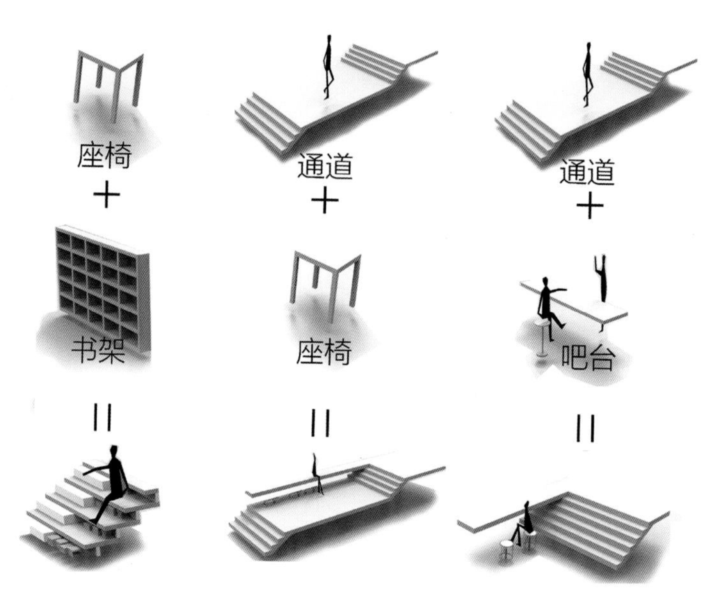

图 3-1-100 空间原型

图 3-1-101 方案效果图

图 3-1-102 方案模型

方案六

任务课题：校园咖啡书吧

作品名称：消隐于树林中的咖啡书吧

设计思路：本项目选址于南开大学老图书馆南侧，42棵梧桐、杨树和松树占据了场地的大部分空间，灌木、梧桐和后排的杨树、松树由南至北形成了三级高差，层次分明。因此，设计希望引导人们进入亲树空间以及观景空间，营造出不同的体验。

设计图：图 3-1-103~图 3-1-106

设计者：赖宏睿（2016级）

指导教师：胡一可，孙德龙

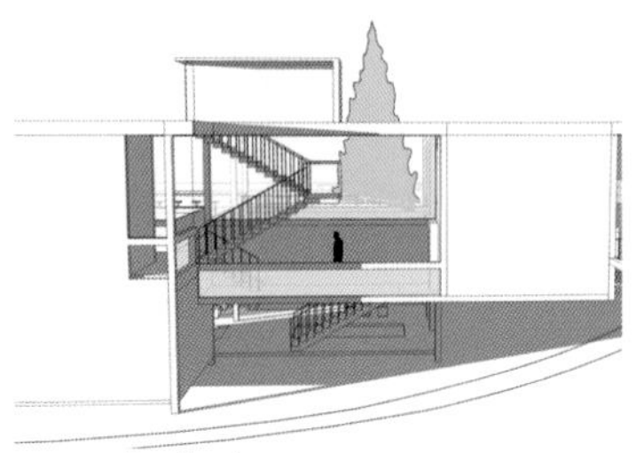

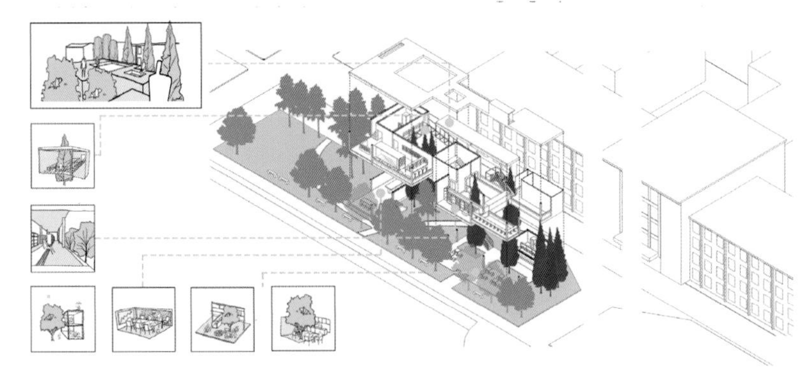

图 3-1-103　设计思路

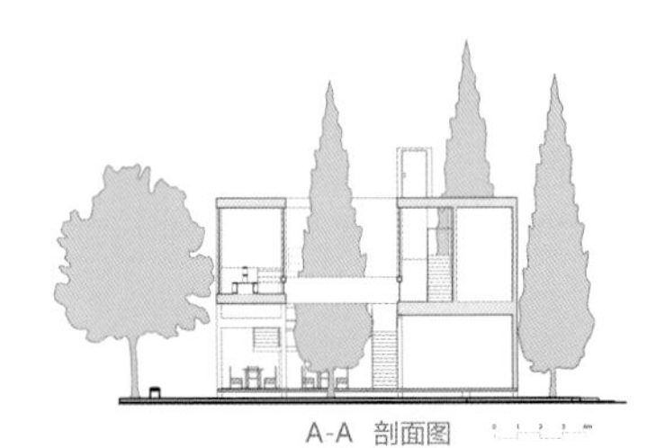

空中走廊丰富了场所体验

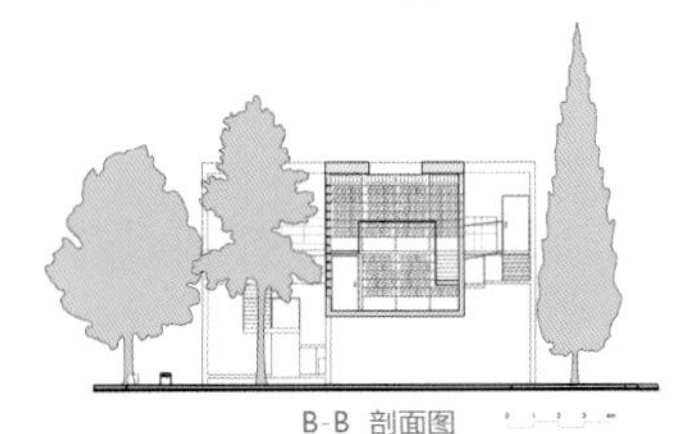

四面围合，顶部采光的书阁是咖啡书吧私密性较强的空间

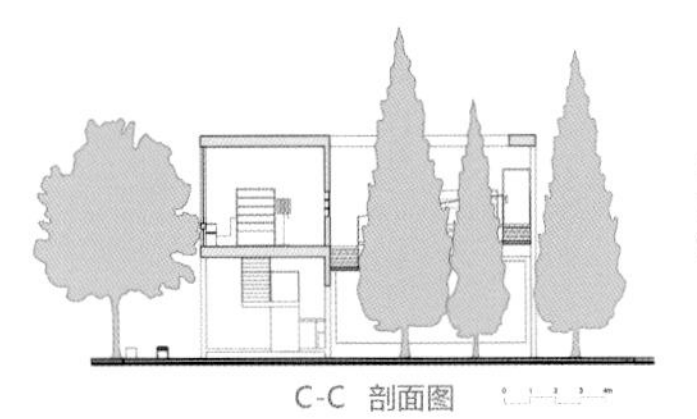

二层休憩空间四面开窗，提供良好的树景观

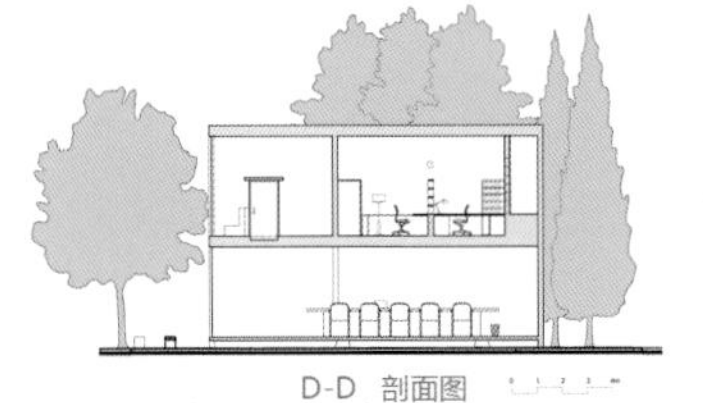

沙龙空间，办公室被绿树包裹，成为舒适的工作交流环境

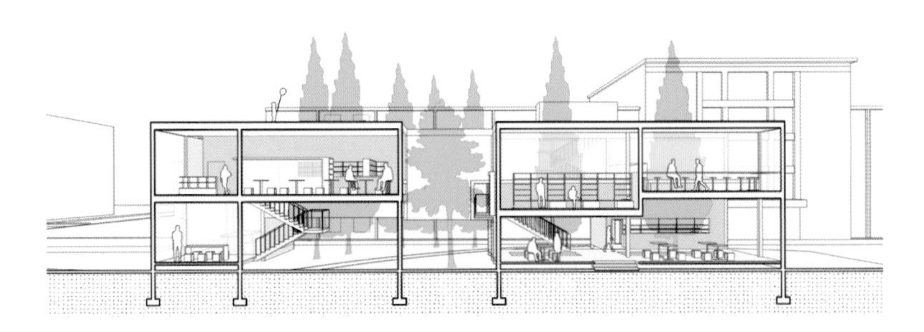

图 3-1-104　设计方案效果图

图 3-1-105 方案模型 1

作品点评：设计试图建立与树之间的密切联系，对树干、开叉处、树冠等不同位置的空间进行处理，基于对树的体验形成空间序列。在空间体验序列的组织过程中，设计以视觉景观作为引导观者前行的基本因素，其中"树"一直扮演着重要的角色。

图 3-1-106 方案模型 2

方案七

任务课题：社区生活发生器

作品名称：Generator C.

设计图：图 3-1-107~图 3-1-109

设计者：刘雨松（2016级）

指导教师：孙德龙，胡一可

作品点评：这是一个面向未来的“植入式”设计。置于室外的座椅帮助作者对场地进行了另一种解读——场地需要一种艺术性表达。此处恰为天津大学西部生活区与城市环境连接的部分，设计正是要创造老社区中一个“外星来客”，同时为学校树立一个标志。

概念

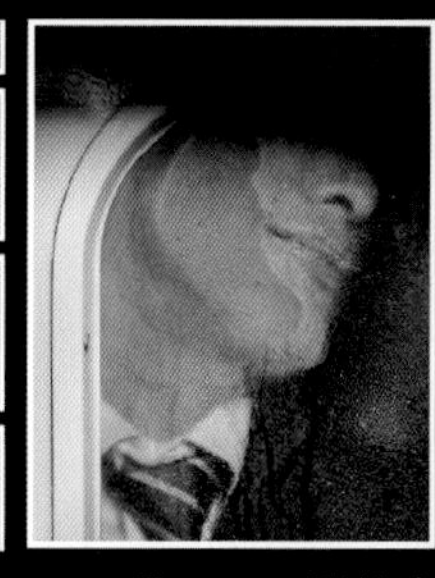

图 3-1-107 设计概念

需求：坐

休息

会面

聊天

享受

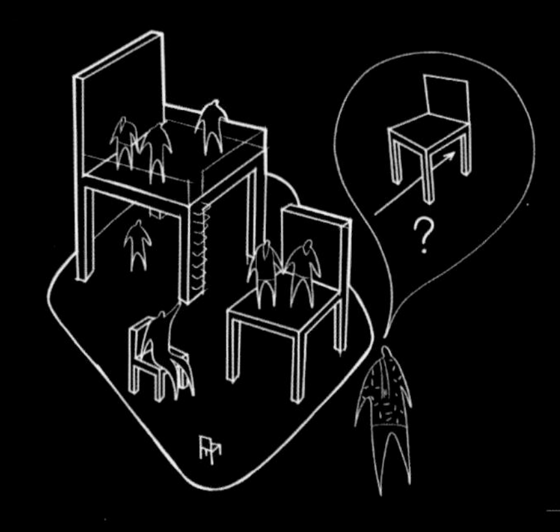

缆绳

砂玻璃

浅碟

托盘

支架

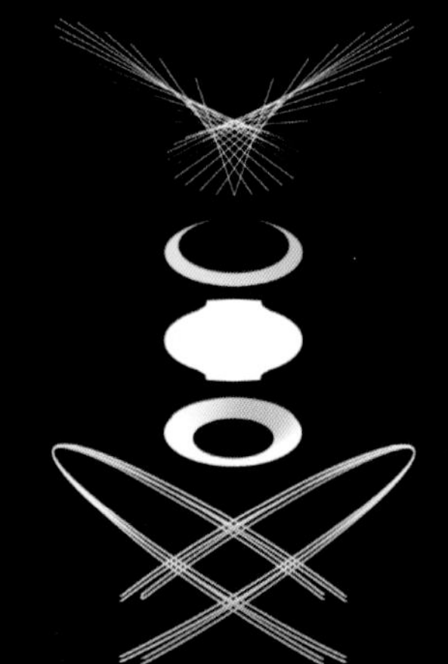

爆炸图

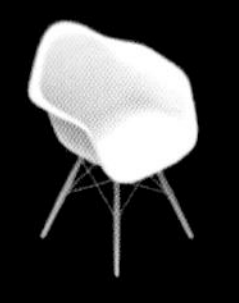

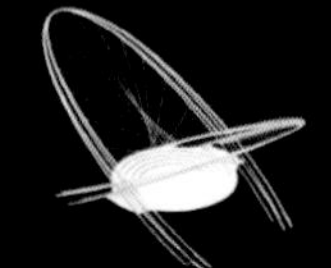

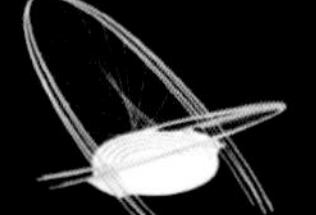

抽象

图 3-1-108 设计思路

图 3-1-109 方案模型

3.1.3 分区与流线规划

此阶段，学生针对行为与空间的关系展开研究，并在建筑上对建筑的功能以及动静区域进行划分，建立空间流线。模型制作可以帮助学生以立体思维思考建筑内部的运行机制以及不同人群之间发生行为关联的机会。这种训练方式避免了学生在概念深化过程中过早受到平面思维的限制，最大限度地挖掘方案的可能性。在本设计阶段结束后，学生将提交动静分区模型和交通流线模型。在这一环节涉及"什么是好的平面"的问题，以形式逻辑和功能组织清晰、能够表达设计的空间策略作为设计好坏的评价标准。内外关系的改变和立体交通方式的改变对平面的影响最大。

策略：空间中的漫游体验。

空间中的漫游体验

任务课题：校园咖啡书吧
作品名称：漫游——校园咖啡书吧加建设计
设计策略：基于不同人群的空间漫游体验
设计思路：设计利用架空的方式，对平台上原有行为的干扰实现最小化。同时，调研发现，经过此处的研究生和本科生利用场地的时间和需求不同，因此设计将两类人群的使用流线分开，提供不同的出入口以及错层设计，为研究生和本科生同时提供方便。
设计图：图 3-1-110~图 3-1-112
设计者：陈诗园（2012级）
指导教师：胡一可，苑思楠

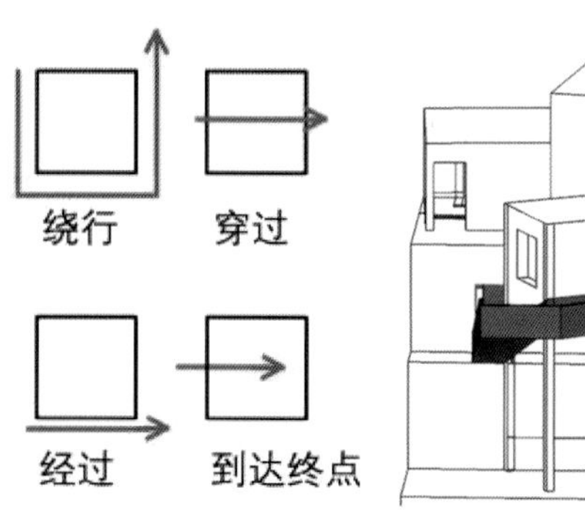

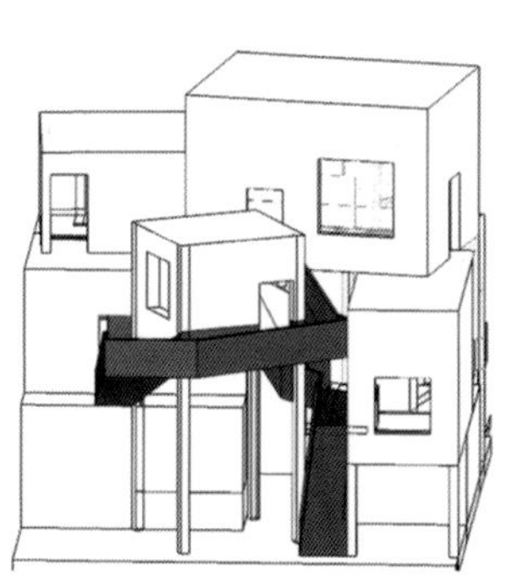

图 3-1-110 设计思路

图 3-1-111 方案模型 1

作品点评：建筑作为空间边界，其漫游体验是植入空间之中的。一个小小的咖啡书吧也许不能改变什么，但是它为我们提供了不同的路径和可能。盘旋上升的楼梯不只是上下楼的工具，更是能在通向目的地的过程中创造相遇可能的奇妙空间。

3.1.4 空间

此阶段学生将空间概念落实到平面设计上。 学生从第三个任务单元开始，在前期行为研究结论及形成的空间策略基础上建立功能方案。每个学生的设计对象不同，对象的行为需求不同，因此设计出的功能及空间关系也存在差异。教学组希望学生将平面图作为设计的工具而非目的，用以引导学生对建筑体量与内部空间进行推敲。本阶段的教学难点在于如何使学生建立起平面图与空间之间的对应关系，让学生理解图形操作对于建筑内部空间设计的意义。常用策略包括：

（1）在空间中体验事物或关系；

（2）让空间成为平衡关系的策略。

图 3-1-112 方案模型 2

在空间中体验事物或关系

方案一

任务课题：诗意的栖居

作品名称：时间的住居——科幻作家住宅设计

设计策略：在空间中体验时间

设计思路：建筑坐落在融于自然山水的湖边，建筑周边的景物会随着四时变化而变化，人通过观察这种变化来体验时间、感悟时间，作者故而想到可以利用建筑空间的变化来体现时间。人在时间的长河中生活，在走一条顺流而下的路，那么，是否可以将人的生活按照一条流线来进行组织，以强化对时间流逝的感受？

设计图：图 3-1-113~图 3-1-117

设计者：吴韶集（2014级）

指导教师：胡一可，谭立峰，赵娜冬，苗展堂

作品点评：从技术角度分析，水中的建筑会面临风险，水位高时建筑会被淹没，水位低时建筑会露出基础。然而，作者对于场景的想象是有价值的，这个场景的瞬间的理想状态正是我们需要着力去营造的。蜿蜒的平面形成连续的时空，同时形成一系列半围合的水院，而建筑远观会形成平静的立面，与水体共同形成旷远的图景。

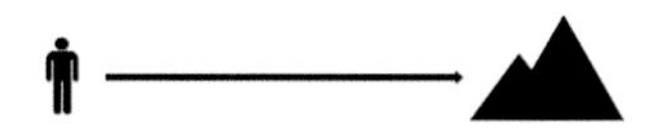

建筑周边的景物会随着时间的变化而变化，人通过观察这种变化来体验时间，故可以利用建筑周边景观的变化来体现时间

无论哪种材料随着时间的流逝都会产生某种变化，所以可以利用建筑材料在时间的流逝中产生的变化带给人对于时间的思考

人生活在时间的河流中，只能顺流而下，是否可以将人的生活按照一条流线来进行组织，加强这种感受，使人感受到时间的存在呢？

特点一：
对于自己所生活的世界充满了好奇心，乐于接受新鲜事物，对于未来的世界充满了渴望

特点二：
他的时间观念极强，生活极规律

特点三：
他对于目前的生活状态极不满意，希望能有一个属于自己的空间

特点四：
近几年来，随着名气的增大，经济条件越来越好，他能够实现完全的经济独立

图 3-1-113 设计策略与人物特点

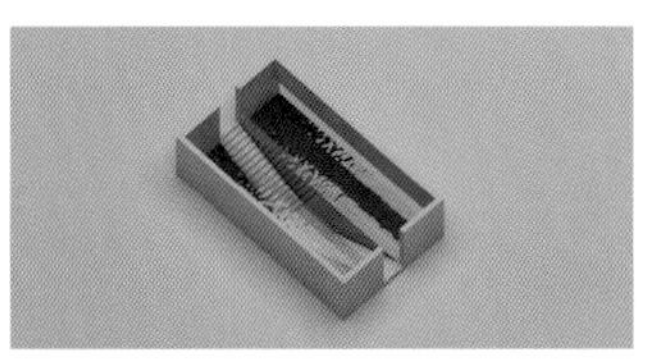

图 3-1-114 空间原型

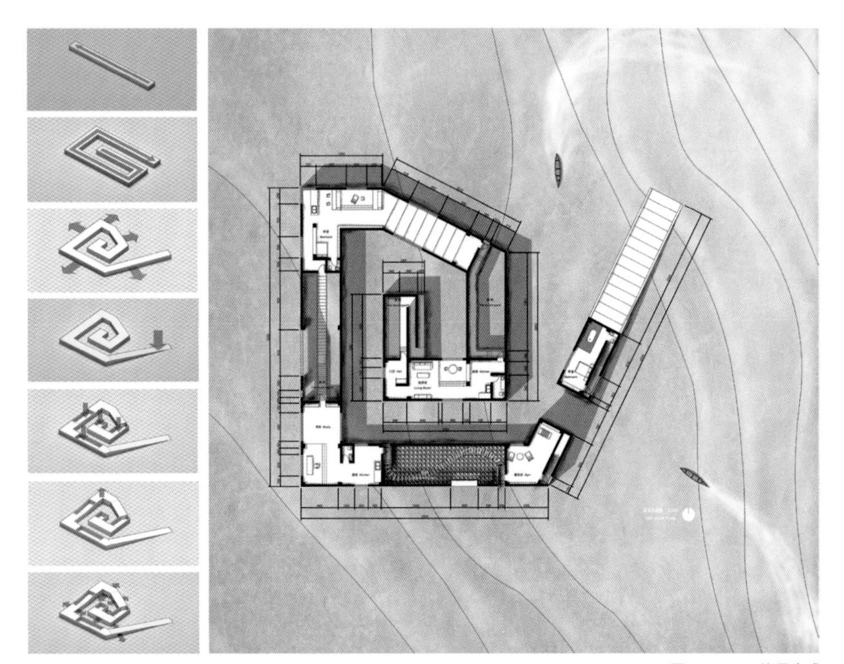

图 3-1-115 体量生成

图 3-1-116 设计方案效果图

图 3-1-117 方案模型

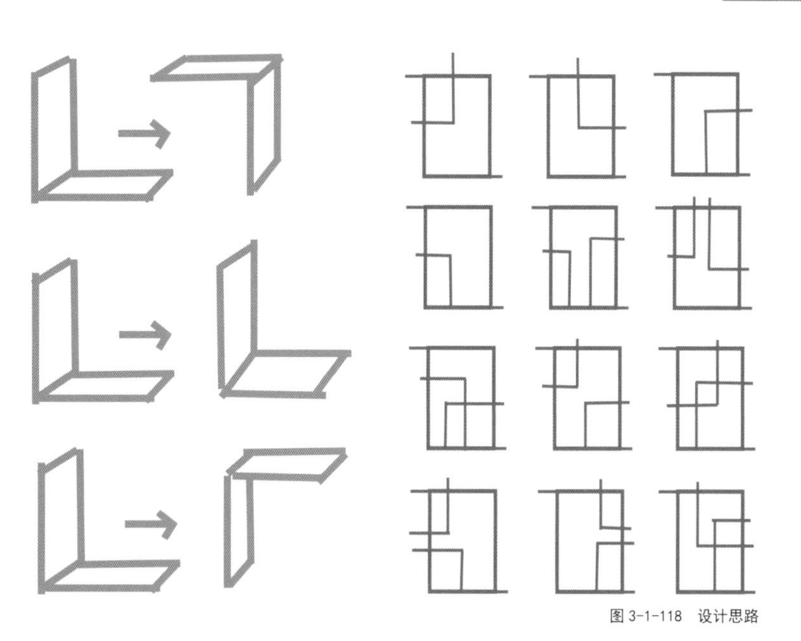

图 3-1-118 设计思路

图 3-1-119 设计模型

方案二

任务课题：校园咖啡书吧

作品名称：Tree Watcher

设计策略：如何欣赏一棵树的全貌

设计图：图 3-1-118~图 3-1-120

设计者：宋晶（2013级）

指导教师：胡一可，苑思楠

作品点评：作者通过设计"制作"一个空间博古架，使得从树根一直到树梢的所有细节均可借由建筑空间进行体验。这一设计的核心驱动力是那张描绘于作者脑中的概念草图。这也让人相信，同样的概念采用不同设计方案的表达效果迥异。

图 3-1-120　设计方案效果图

方案三

任务课题：诗意的栖居

作品名称：内湖外海

设计策略：内外水院

设计思路：建筑与场地互动形成内与外的关系。

设计图：图 3-1-121~图 3-1-124

设计者：王俐雯（2014级）

指导教师：谭立峰，赵娜冬，胡一可

作品点评：作者尝试用人工要素去划分自然要素（水）形成水院，引导不同尺度空间相互转换，从而形成趣味性空间。

场地位于天津蓟州区环秀湖，在天津蓟州区杨庄截潜旅游区范围内，距离长城风景区不足 4 km，自然环境优越。选址在水库岸线上的一个豁口，正对着湖对面一个繁荣的小村庄，且位于山谷之下，地表径流经此汇入湖中。杨庄水库修建之后对当地村庄产生巨大影响，其水位四季不定，设计概念由此而生。整个设计中加入对于场地动态要素（该场地的最大特点是水位的涨落）的考量。作者希望建筑作为一个静态要素能够记录水位变化这样一个动态要素，将建筑架于选地中岸线的豁口之上，即水流的汇聚点处。设计思想主要体现在两个水院的设计上，表现出了内向性与外向性。内向的水院中设置高低不同的平台来适应水位的变化，是一个具有活力的、与水亲近的场所。入口有两个，一个为开敞坡道向上的入口，一个为封闭坡道向下的入口，人们能够走入水中，体验视线与水面的不同关系。

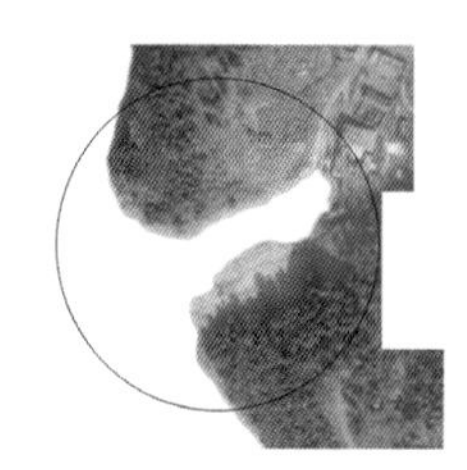

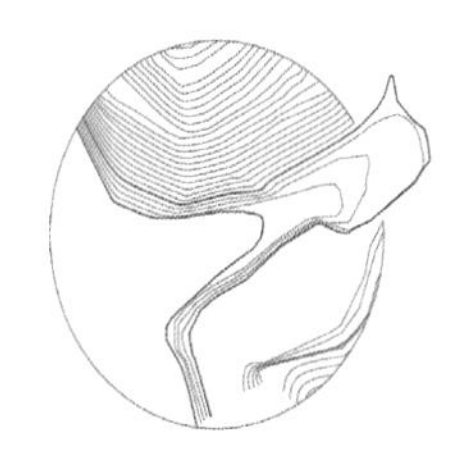

图 3-1-121 场地分析

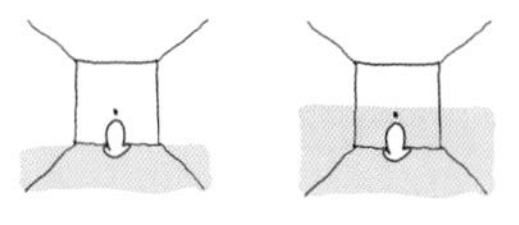

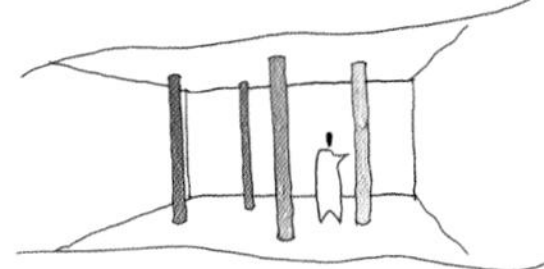

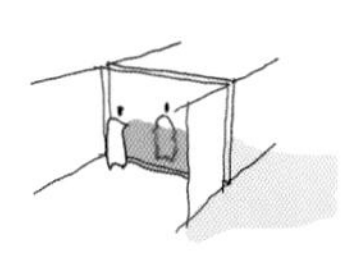

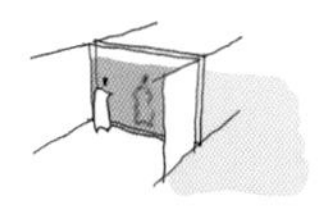

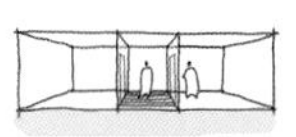

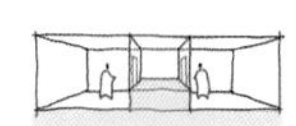

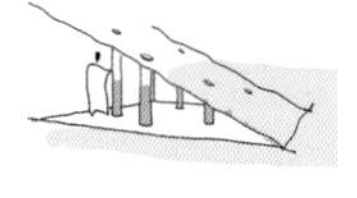

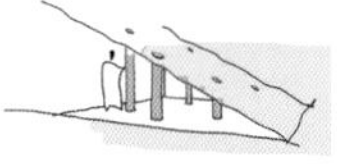

图 3-1-122 概念生成

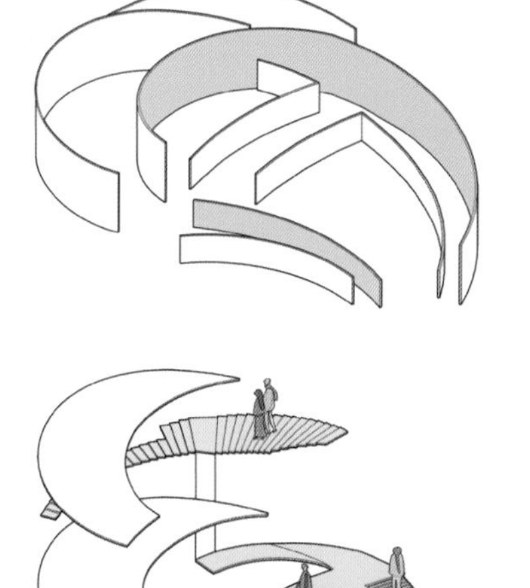

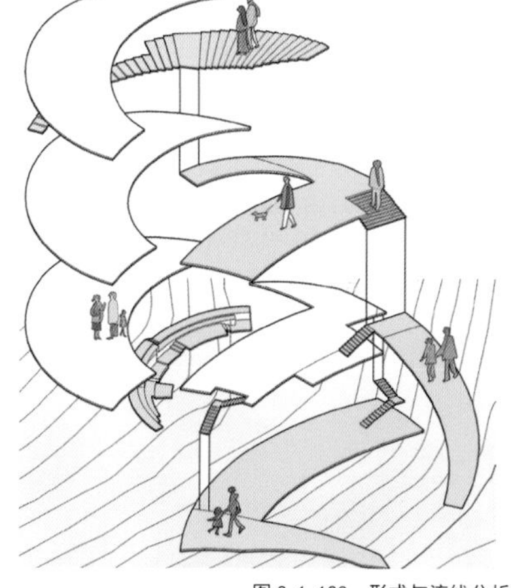

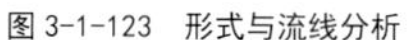

图 3-1-123 形式与流线分析

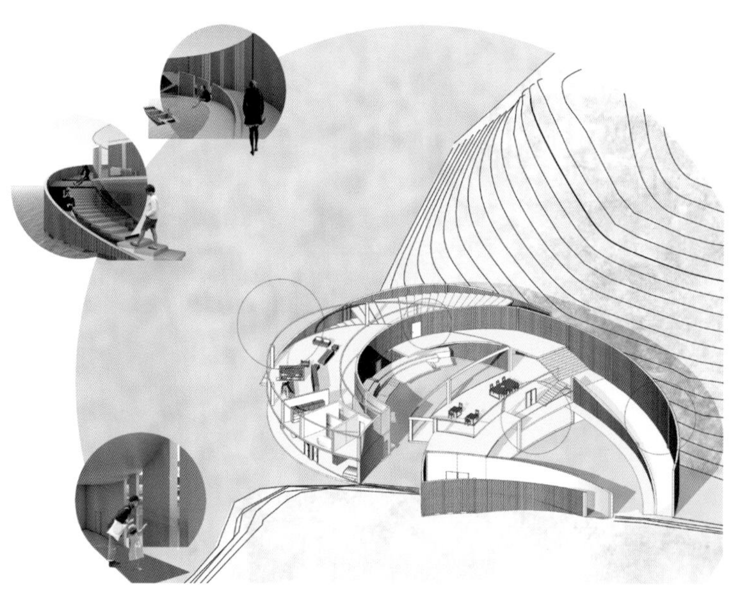

图 3-1-124 设计方案效果图

方案四

任务课题：诗意的栖居

作品名称：忆

设计思路：诗意来源于人们在生活中被某一场景触动时旧日记忆的浮现。在装置中，设计者试图用直译、转译、抽象等方式将这一概念空间化，进而探讨空间的并置、空间的相似等多种关系。设计图：图 3-1-125~图 3-1-126

设计者：董睿琪（2015级）

指导教师：孙德龙，胡一可

作品点评：此设计体现了空间重现，作者尝试将空间作为工具创造某种与记忆有关的体验。如果我们经过不同的区域总是看到相似的场景，究竟会有何种感觉？

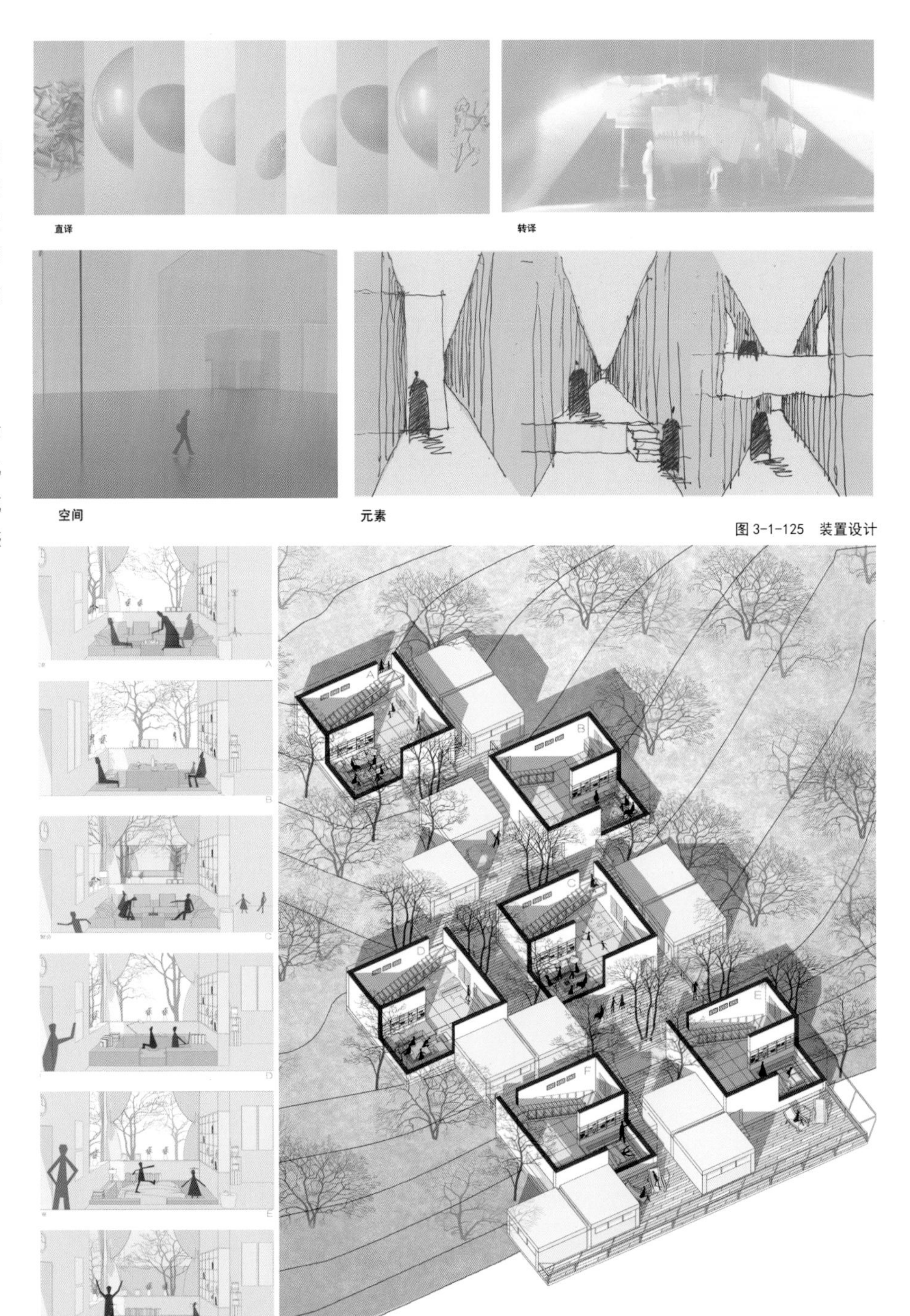

图 3-1-125 装置设计

图 3-1-126 设计方案效果图

方案五

任务课题：校园咖啡书吧

作品名称：In the Scenery

设计策略：人与景观并置

设计图：图 3-1-127~图 3-1-130

设计者：赵婧柔（2015级）

指导教师：胡一可，谭立峰，赵娜冬

作品点评：作者将建筑要素——墙的运用贯穿始终，墙既能阻隔，也能分割，亦能引导。在设计的过程中，作者得到了密集的空间训练，既包括界面方面，也包括要素方面，还引入了视觉景观分析。

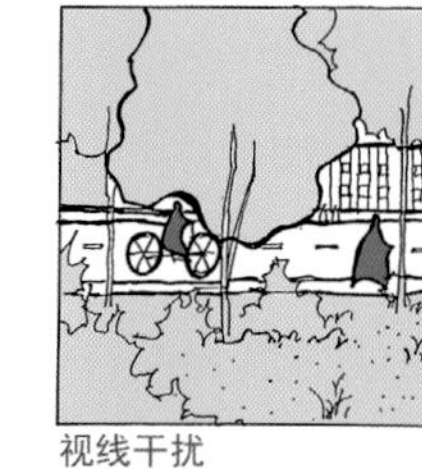
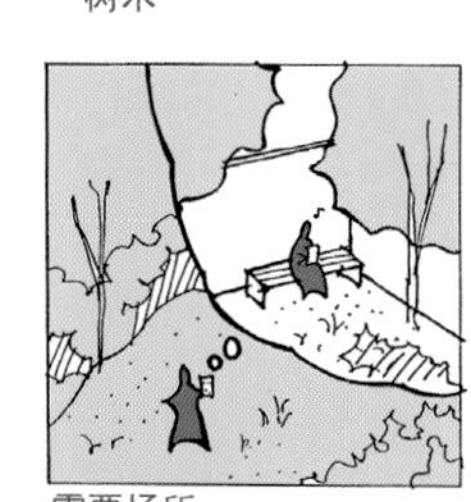

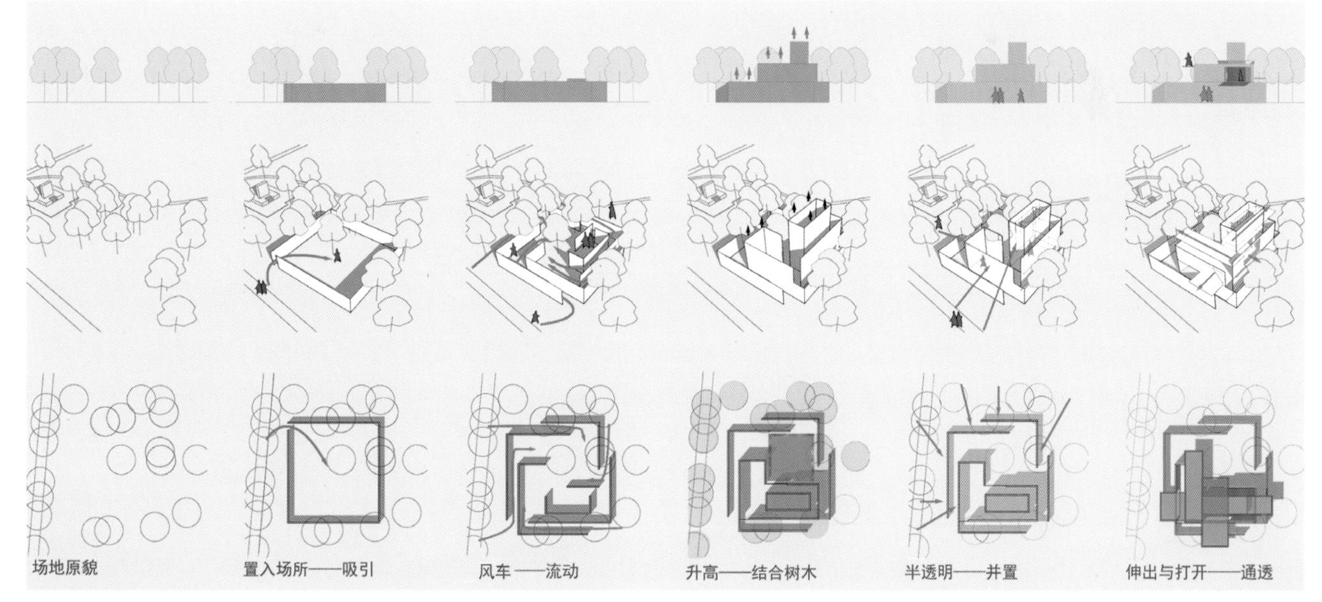

图 3-1-127 设计思路 1

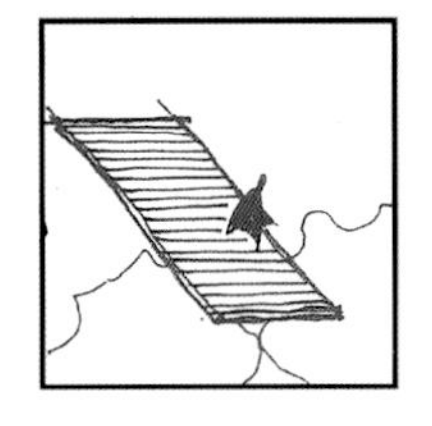

图 3-1-128 设计思路 2

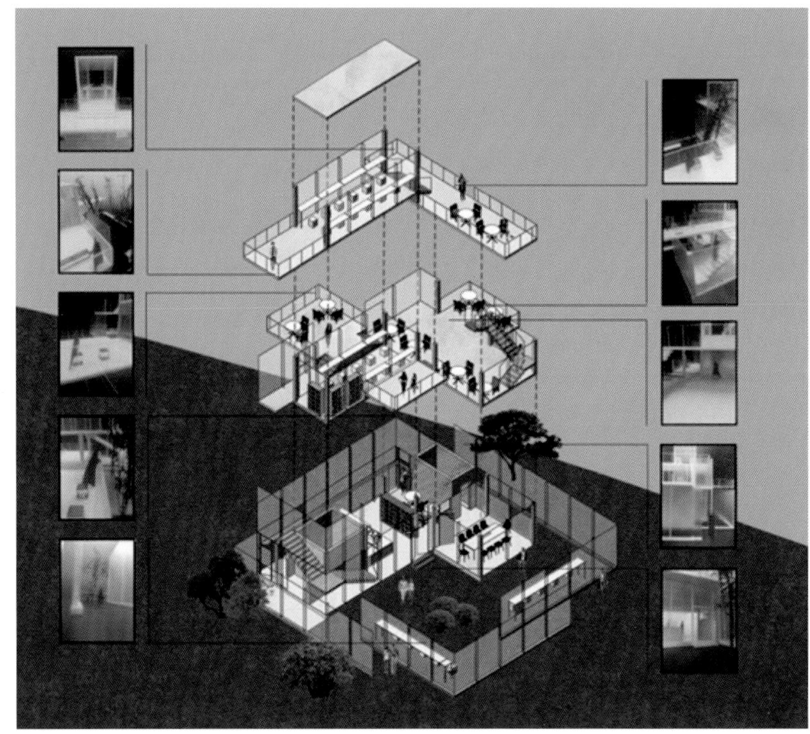

图 3-1-129 设计方案效果图

图 3-1-130 设计方案模型

方案六

任务课题：校园咖啡书吧设计

作品名称：Body /Light /Architecture

设计图：图 3-1-131~图 3-1-136

设计者：郭布昕（2016级）

作品点评：学生宿舍楼的寝室内大多混乱拥挤，缺少良好的阅读环境，且床紧挨窗户放置，私密性差，如果不拉窗帘，从窗外可以清楚地看到内部。私密性差是宿舍区长期拉窗帘的原因，狭小昏暗的宿舍只能依靠人工照明满足光照需求。而将窗帘拉开，只能看到窗外停放杂乱的自行车和无人使用的休息座椅。因此希望设计的咖啡书吧成为宿舍区的延伸，让同学们享受光线。

图 3-1-131 场地现状

引导光

漫射光

直射光

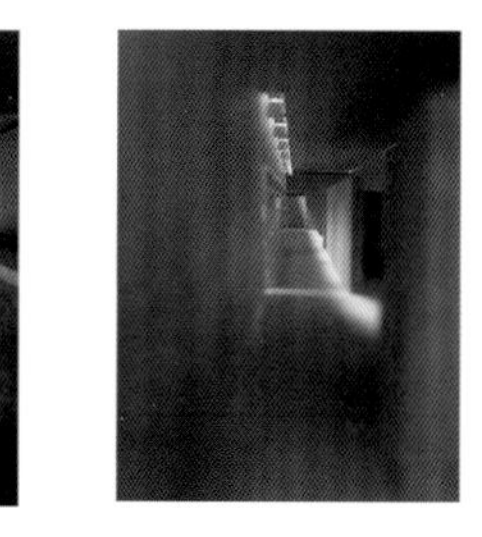

光的形状

自然光

图 3-1-132 空间原型

January 8:00
10:00
12:00
14:00
16:00
18:00
June 8:00
10:00
12:00
14:00
16:00
18:00

图 3-1-133 设计思路

图 3-1-134 设计方案效果图

图 3-1-135 方案模型 1

图 3-1-136　方案模型 2

方案七

任务课题：校园咖啡书吧设计

作品名称：林

设计策略：模拟树林建造咖啡书吧，丰富林下空间

设计图：图 3-1-137~图 3-1-140

设计者：齐越（2016级）

指导教师：胡一可，孙德龙

作品点评：场地中主要有两种树木，一种为杨树，另一种是梧桐。杨树高，分枝高度高，梧桐相对矮，分枝高度低。这两种树木高度差异大，导致林下空间层次单一，不具有足够的吸引力，无法发挥积极的作用。基于此，本方案试图通过模拟树林的方法，在场地中创造出更为丰富的林下空间，结合咖啡书吧的功能特性，为人们带来更加良好的体验。

图 3-1-137 场地现状

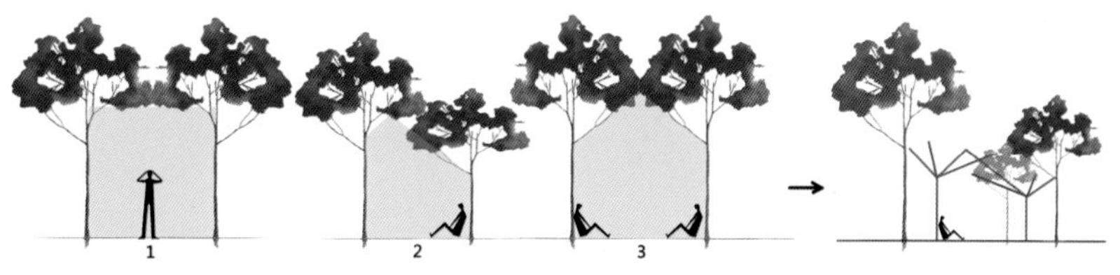

图 3-1-138 空间原型

图 3-1-139 方案模型 1

图 3-1-140 方案模型 2

让空间成为平衡关系的策略

方案一

任务课题：校园咖啡书吧

作品名称：Campus Cafe & Book Bar

设计策略："墙内外"形成的"园中园"

设计思路：墙在界面上既有欢迎的姿态，吸引学生和想喝咖啡的人进入，同时又对复杂人群有过滤作用。

设计图：图 3-1-141~图 3-1-144

设计者：许诗曼（2015级）

指导教师：胡一可，谭立峰，赵娜冬

作品点评：作者将校园中现状界面的一部分补全，同时探讨了空间边界的问题。边界不同于界限或者边缘，表达了一种空间的互动关系。作者通过探讨主观界面中被遮挡部分的比例和位置，通过导景或障景来调控人在边界处的通过性行为。

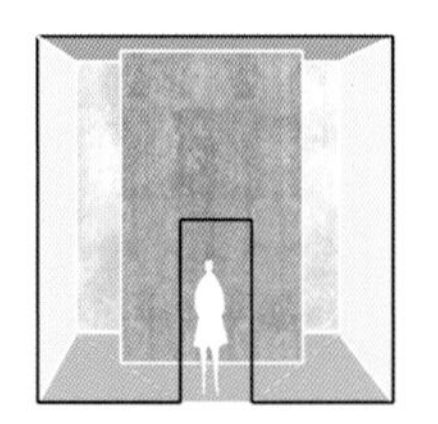
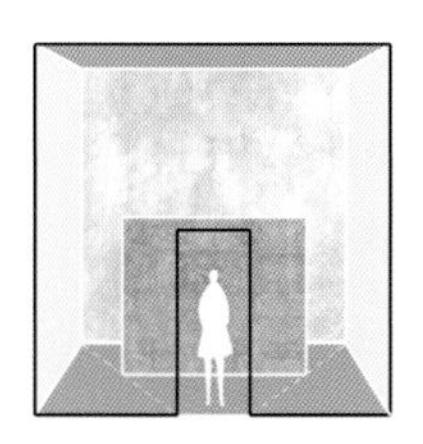
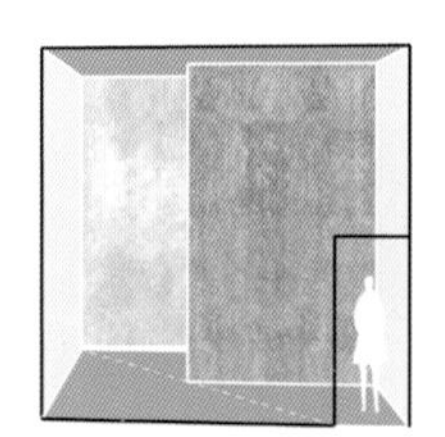
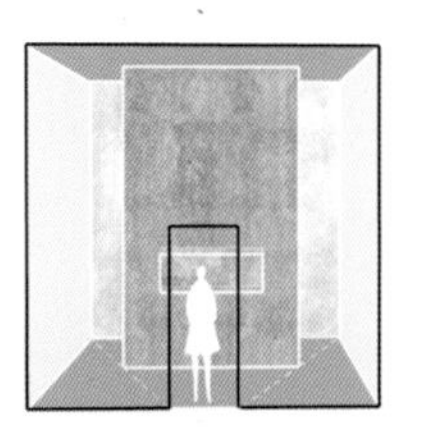
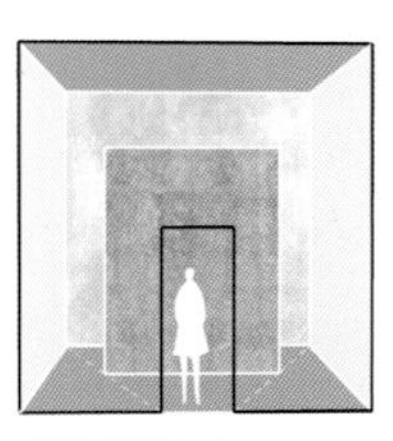
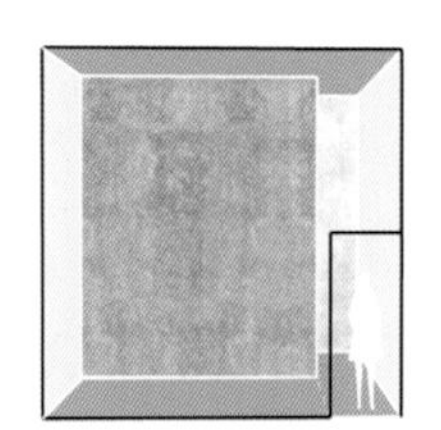
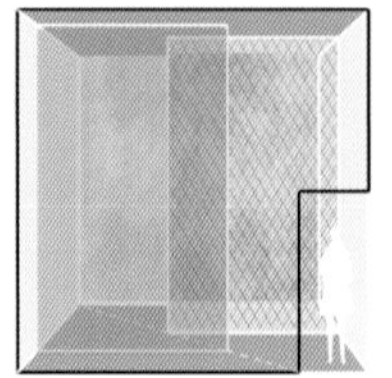
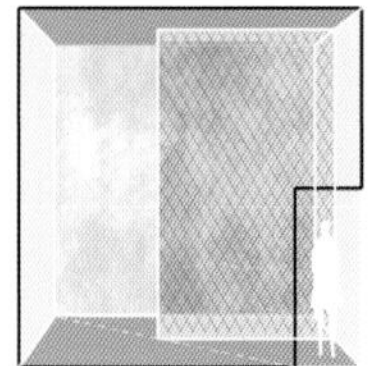
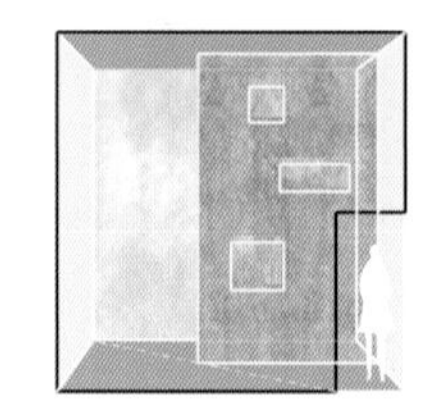

图 3-1-141 空间原型

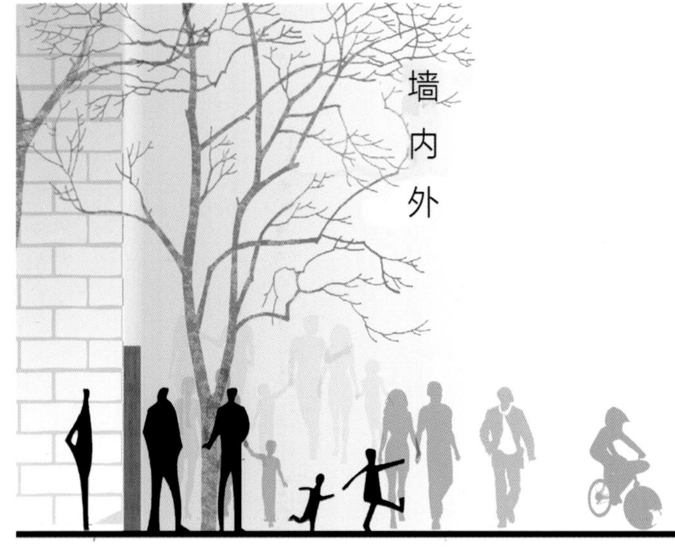

图 3-1-142 概念生成

图 3-1-143 设计方案效果图

图 3-1-144 方案模型

方案二

任务课题：校园咖啡书吧

作品名称：Enjoy the Coffee, Following the Music

设计策略：跟随音乐享受咖啡

设计思路：人有五感——视、听、嗅、味、触，每一种感觉都关乎着建筑空间体验的营造。设计从人的听觉出发，探究声音的反射、混响以及声场，使人对声音的不同需求与空间形式相对应，在 300 m^{2}的范围内，创造 10余种空间体验。

设计图：图 3-1-145~图 3-1-147

设计者：邹佳辰（2014级）

指导教师：胡一可，苑思楠，谭立峰

作品点评：方案的优势在于形式创新，空间单元的并置形成了类似城市街道的微型网络，这里也有“广场”和空间节点。比例缩放所带来的视觉冲击力和异样的空间感受更像是一种实验。

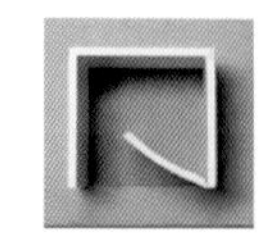

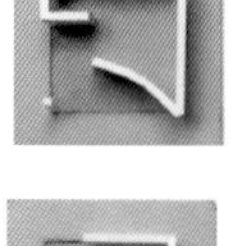

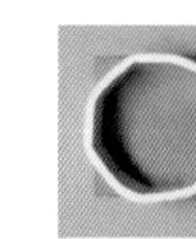

图 3-1-145 空间原型

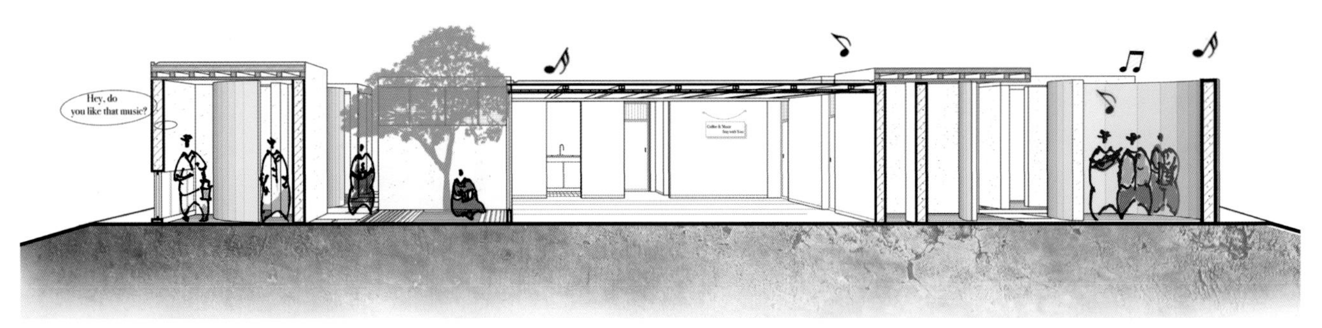

图 3-1-146　设计方案效果图

图 3-1-147　方案模型

方案三

任务课题：校园咖啡书吧

作品名称：Share the Sunshine，Share the Green

设计策略：享受阳光和绿植的咖啡书吧

设计思路：在学生、植物、老年人之间找到一种有效平衡的方式。

设计图：图 3-1-148~图 3-1-150

设计者：王旭（2015级）

指导教师：胡一可，谭立峰，赵娜冬

作品点评：调研发现，南开大学的创业活动区目前还比较萧条。高大的宿舍楼挡住了北侧的大部分阳光，花窖的温室处在校园边界的最北侧，温室影响了与其相距不到 1 m的居委会以及老年照料站的采光。

针对学生、植物、老年人，设计者试图寻找一种最简单有效的方式，让三者都能够得到阳光。运用植物营造空间则能巧妙地化解这种矛盾。植物，在这片区域中成了空间的划分者，同时也是光在时间上的分配者，它们以一种包容的姿态与人共处。

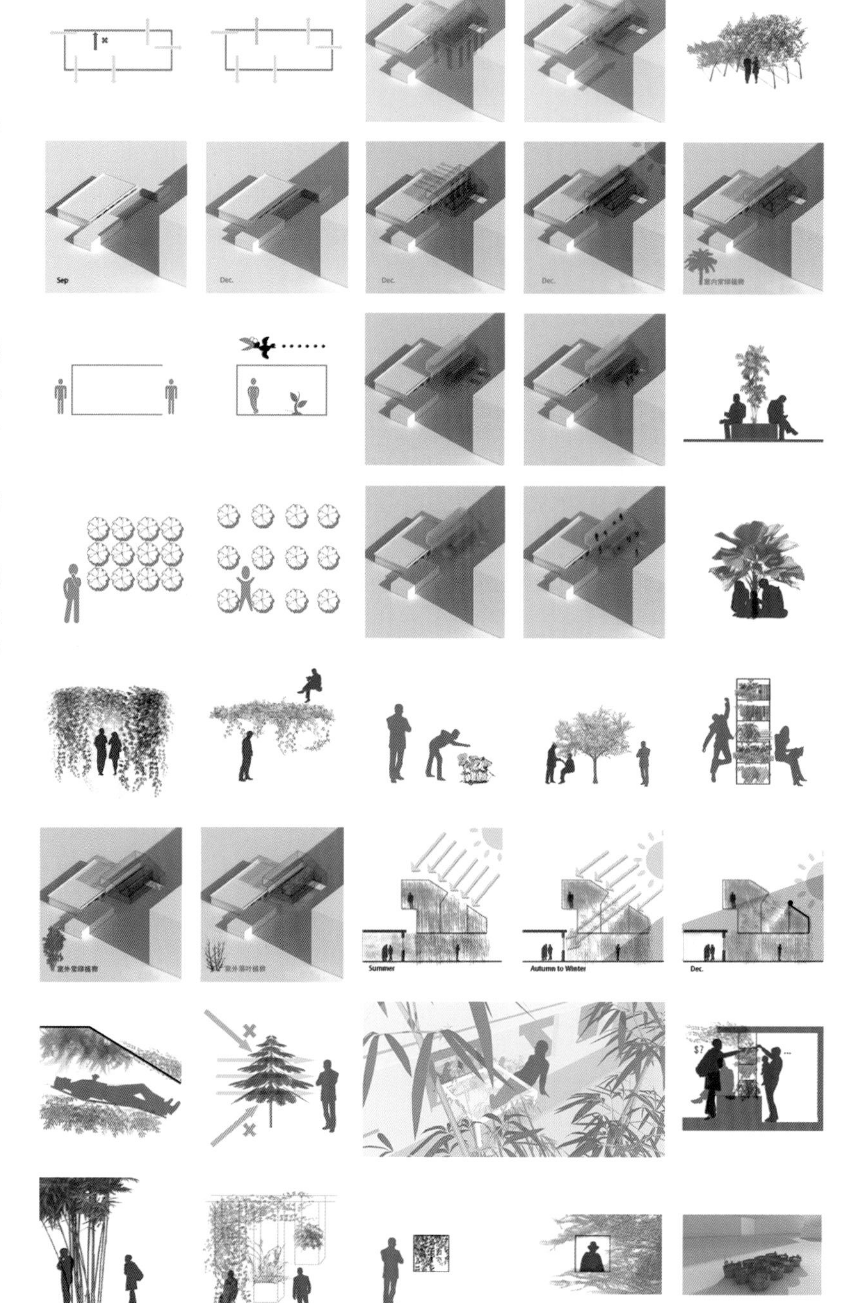

图 3-1-149 方案设计过程

图 3-1-148 场地现状

图 3-1-150 设计方案效果图

方案四

任务课题：社区生活发生器

设计策略：拓宽走廊形成线性公共空间

设计图：图 3-1-151~图 3-1-157

设计者：赖宏睿（2016级）

指导教师：孙德龙，胡一可

作品点评：作者采用类似电影场景的布局方式，充分发挥浅空间的潜力，为既有建筑创造了一个表层空间系统，以承载乐活生活。

场地位于天津大学六村居民区第 22号居民楼北侧，北侧正对第 21号居民楼，两楼中间相隔一排道旁杨树。

第 22号居民楼是天津大学六村居住单位组织中最为特殊的一座建筑——采用了外挂楼梯，并用长走廊连接各层的每户居民。

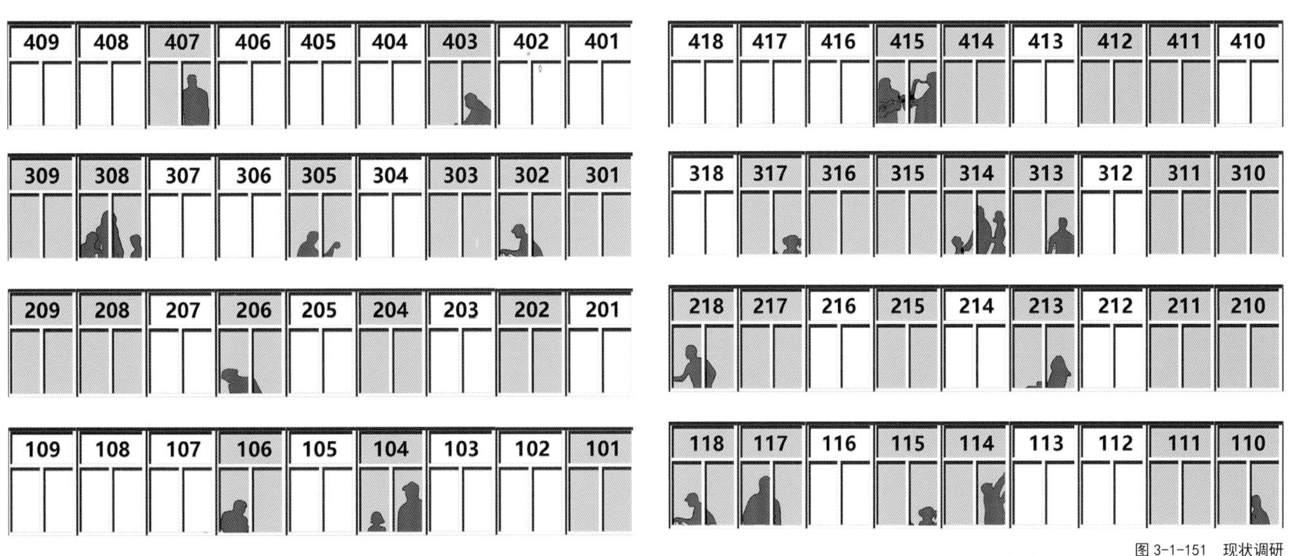

图 3-1-151 现状调研

图 3-1-152 场地现状

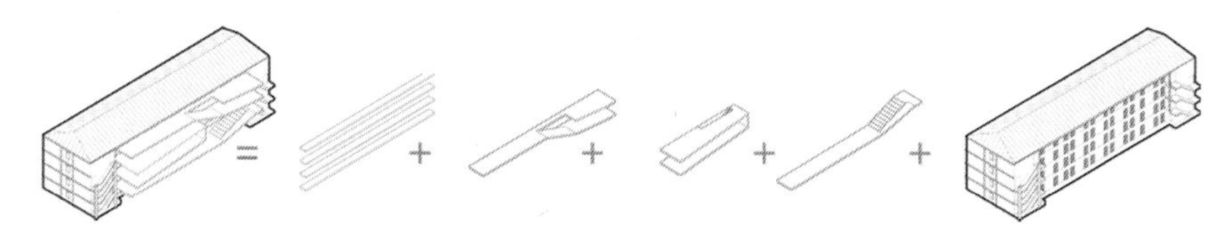

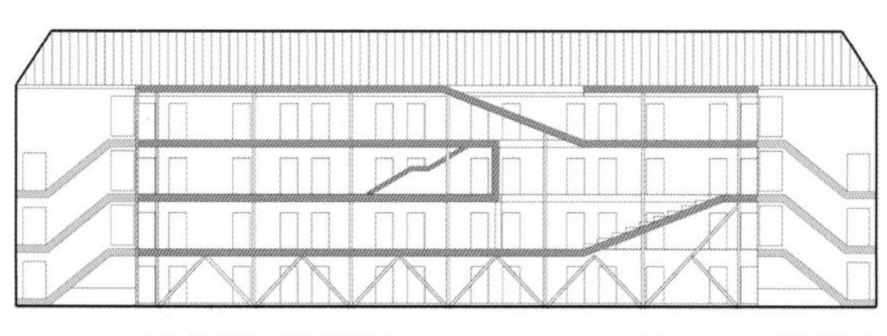

图 3-1-153　设计思路 1

长走廊带来的居民流线交织意味着每层居民都有互相认识并发生群体活动的可能。那么，是否可以通过将走廊向外拓宽，形成适合公共活动的线性空间，以作为一个供居民进行群体活动的社区活动中心呢？

设计将原有的建筑北外墙剥离，露出内部走廊，并将走廊与 3个线性单元相结合，形成在不同时段满足不同人群需求的公共空间；将活动平台穿插布置在生活集会区和电影院及阅读室之间，贯穿整个社区活动中心，打破不同功能分区之间的隔阂。

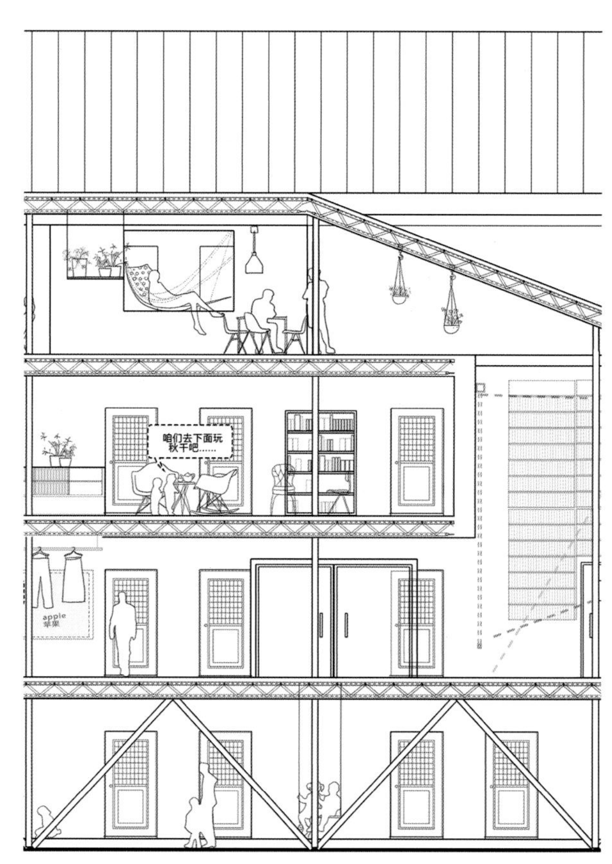

图 3-1-154　设计思路 2

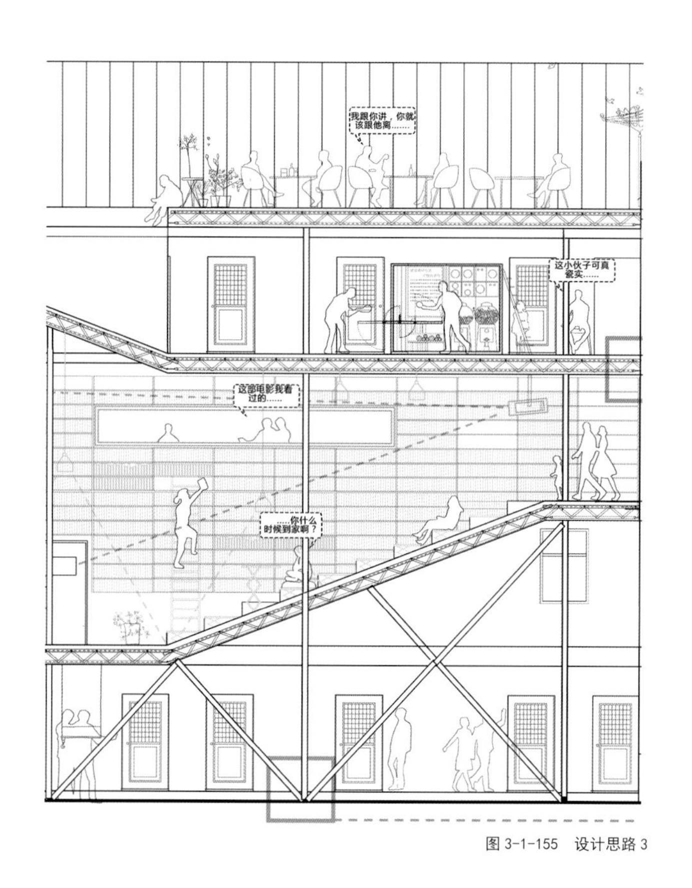

图 3-1-155 设计思路 3

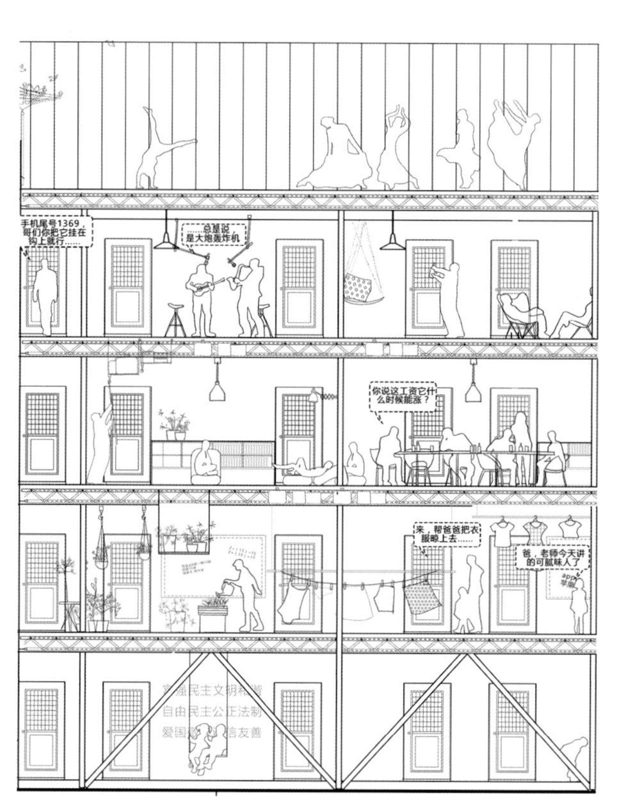

图 3-1-156 设计思路 4

图 3-1-157 方案模型

3.1.5 结构

此阶段，学生将确定结构选型，并完成结构设计。

学生将主要解决建筑的内部结构同外部表皮系统两个方面的构造问题。在内部结构方面，教学组首先要给学生建立起“建造”的概念：结构是建筑系统重要的组成部分，同时也是进行空间营造的要素，而非脱离建筑设计而独立存在的技术分支。学生需要根据自己的空间概念进行相应的结构选型，探讨结构要素在空间塑造中所起到的作用，并根据结构设计对平面进行深化调整与修改。在外部表皮系统方面，教学组用“表皮设计”这一概念替代了传统的立面设计。学生要思考表皮系统如何同方案的设计概念以及空间概念相结合，从而形成室内外空间的媒介。此外学生还需要建立表皮系统同结构系统的交接关系，使内外两个系统协调，从而构成完整的建筑整体。所用策略为：通过结构解决需求。

通过结构解决需求

方案一

任务课题：校园咖啡书吧

作品名称：Bring Back to Life

设计图：图 3-1-158~图 3-1-161

设计者：徐源（2014级）

指导教师：苑思楠，胡一可，谭立峰

作品点评：作者的概念来源是可以支持使用者“上蹿下跳”的空间结构，由此探讨了建筑结构，加上较为清晰的形式逻辑，设计形成了一组与现状建筑紧密结合、特征明确的空间体系。

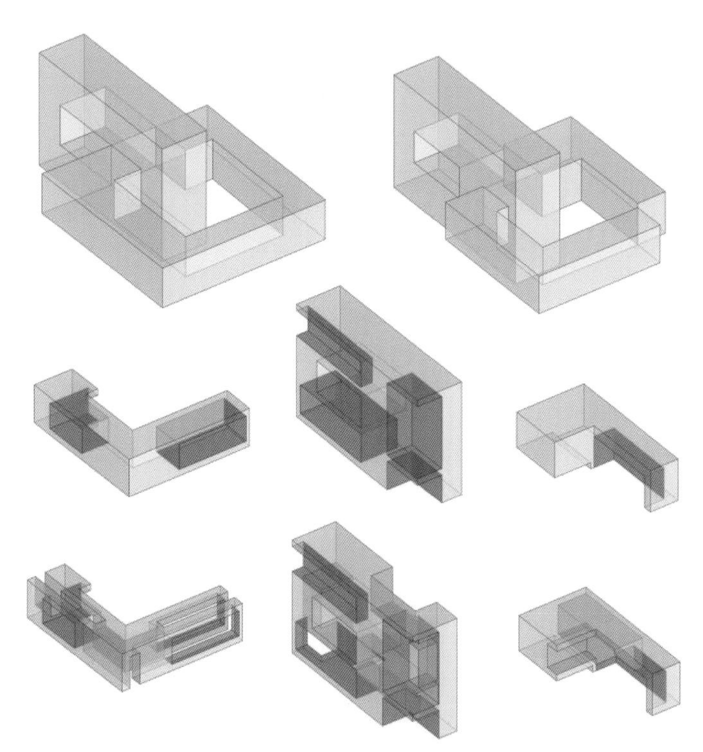

图 3-1-158 设计思路：空间操作

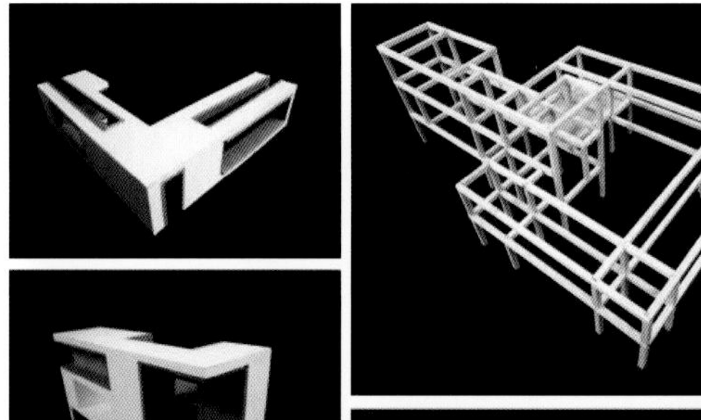

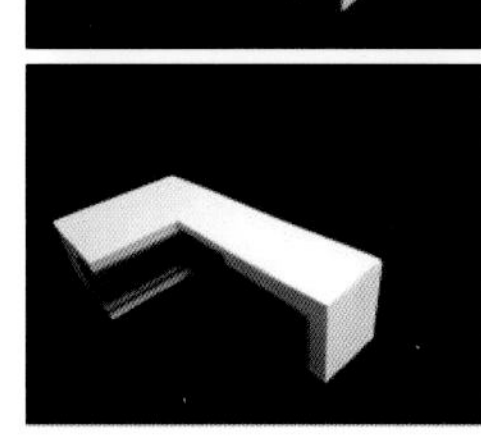

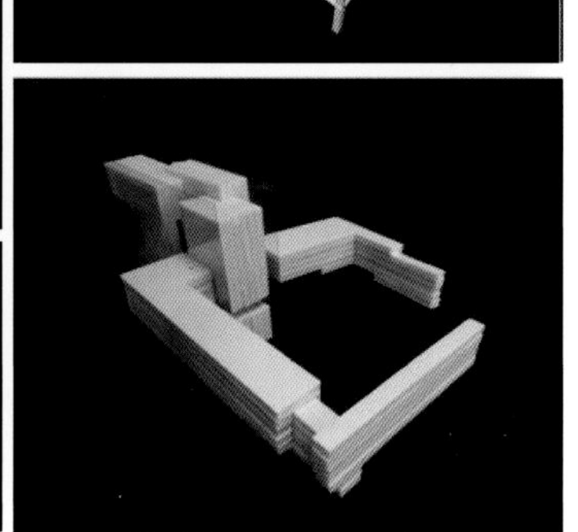

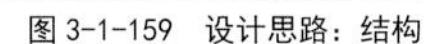

图 3-1-159 设计思路：结构

图 3-1-160 方案模型 1

图 3-1-161　方案模型 2

方案二

任务课题：西门口设计

作品名称：Above the Roof

设计策略：通过结构来更好地通风、采光

设计思路：场地的整片区域几乎只有一块公用空地，空地上方拴着绳子，白天晾满了衣服，孩子们没有玩耍的空间。年轻人白天在外劳作，晚上在家里宅着。老年人常常独自在家，无人陪伴，室内阴冷无光。受室内外面积的局限，老人们只站能在家门外 1 m宽的过道处聊天。同时，狭窄的过道严重影响了室内通风、采光，影响了人们的居住感受。一条小巷内的居民很多是亲人、老乡关系，大家出来一起打工，邻里相互之间也都认识，产生了复杂多样的人际关系。设计希望通过建造一套屋顶系统把阳光引入室内，同时给人们一个可以在户外晒太阳、交往的地方，为外来务工人员带来温暖。

设计图：图 3-1-162~图 3-1-165

设计者：丛逸宁（2015级）

指导教师：赵娜冬，胡一可，谭立峰

屋顶形态：

图 3-1-162 场地现状

作品点评：场地选址在天津大学六村南边的一片平房处，此地原是临时建筑，后被留存至今，成为外来务工人员及其亲属的住处。狭小的空间将设计者的注意力转移到了房顶上。调研发现，这片区域本来是没有房顶的，只有垒起来的砖墙，房顶是人们后加上去的，而且材质多样，有铁皮、泡沫塑料、密度板、PP板、有机玻璃板、遮雨布、砖等，极少的房顶可以上人，多数十分脆弱，还曾经发生过猫压塌房顶的事情。

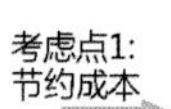

生成过程：

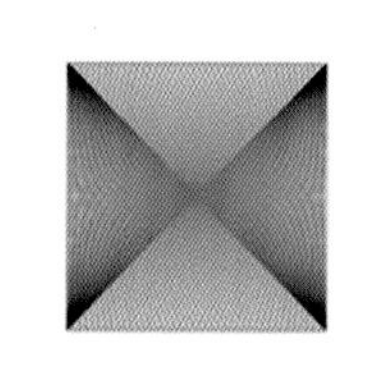

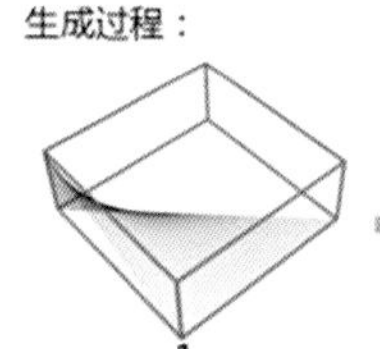

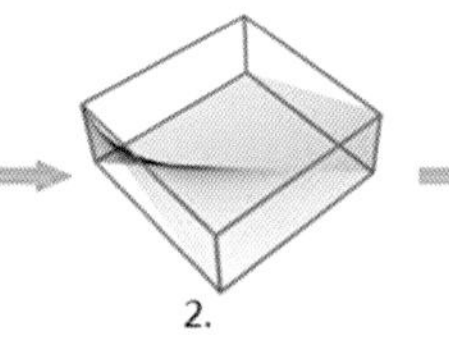

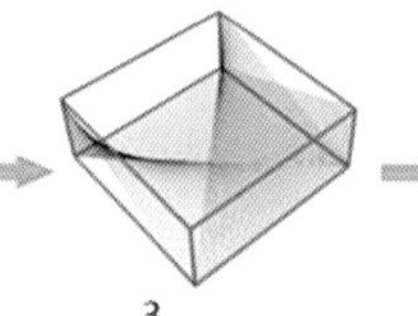

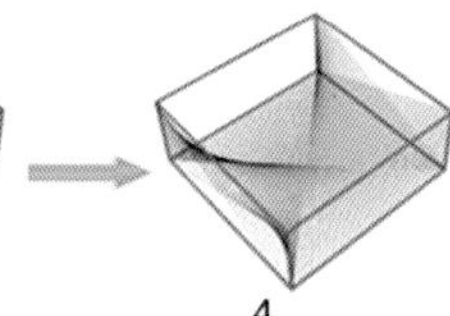

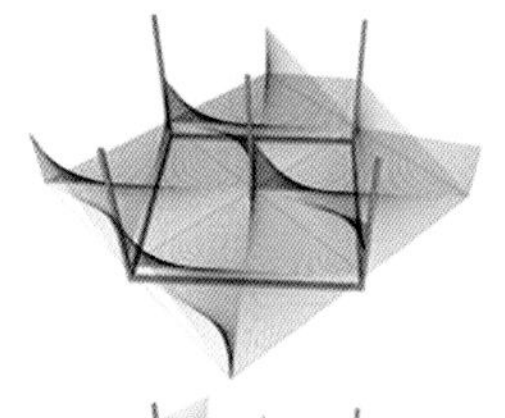
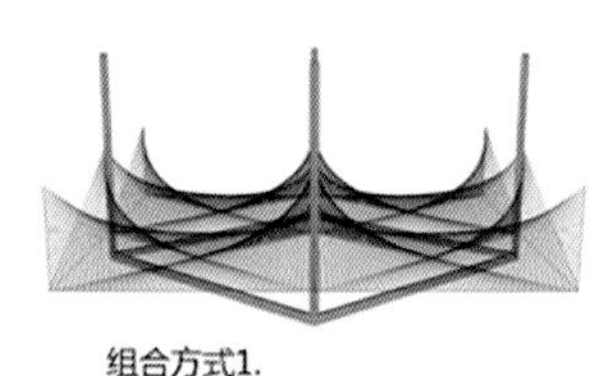

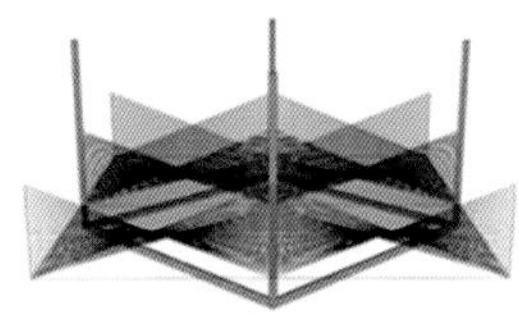
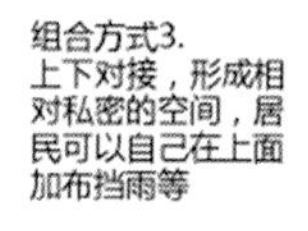

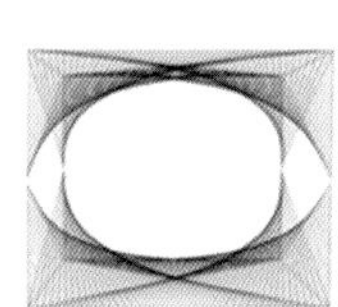
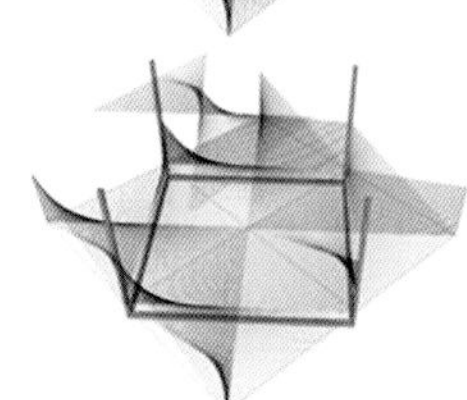
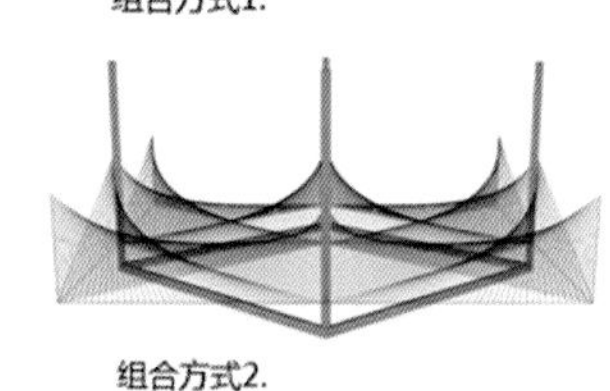

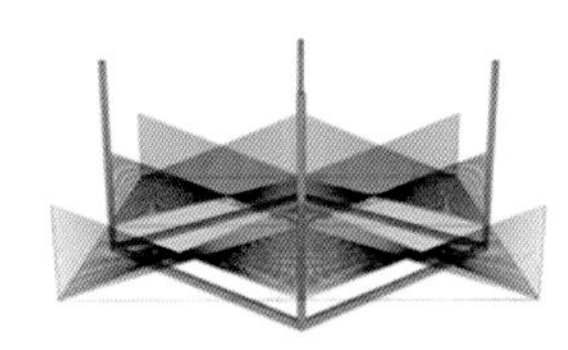
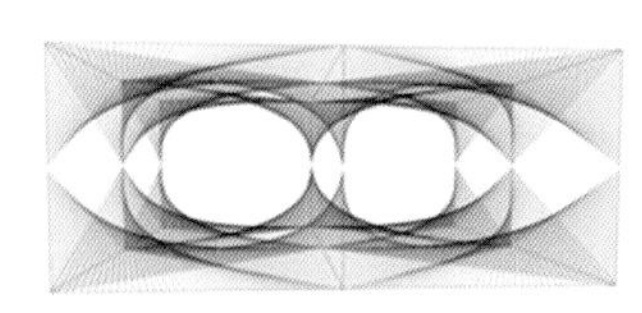

图 3-1-163 设计思路 1

图 3-1-164 设计思路 2

图 3-1-165 设计方案效果图

3.1.6 节点与表皮

此阶段学生将确定表皮系统的形态及做法，所用策略为：界面开合与人的行为互动。

界面开合与人的行为互动

任务课题：校园咖啡书吧

作品名称：光织瀑布

设计策略：光影与织物进行互动。织物在围合空间的同时也有一定的透光性，在阳光充足时能产生层层掩映的景象。人站在 5 m宽的巨幅织物之前，成为供人欣赏的剪影。亦可发现，人流隔着一层半透明织物可产生出飘忽不定之感。阳光从早到晚自东向西移动，带来立体的阴影变化效果。一天之中阴影长短变化、明暗浮动。织物的波浪形状亦映射在地上，重叠则暗，通透则明。

设计思路：因为宿舍里没有晒被子的阳台，所以被子总是被晾在楼前的绿篱等处。床单可以围合空间，营造出的立面产生出悬挂被子的感觉，由用户自己设计。屋顶是杆子由被子围合出小空间，立面是变化的，还能透光，创造出无限可能的室内空间。如果使用布作为分隔空间的墙体，采取挂在屋顶结构上的模式，可以拉开空间的距离，还可以达到瀑布倾泻而下的效果，产生丰富的光影效果。

设计图：图 3-1-166~图 3-1-168

设计者：祁山（2012级）

指导教师：胡一可，苑思楠

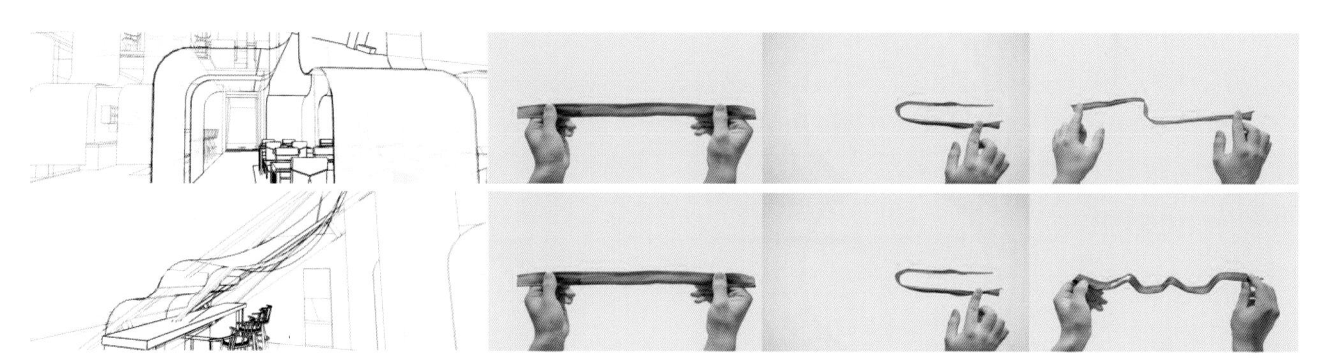

图 3-1-166 设计思路

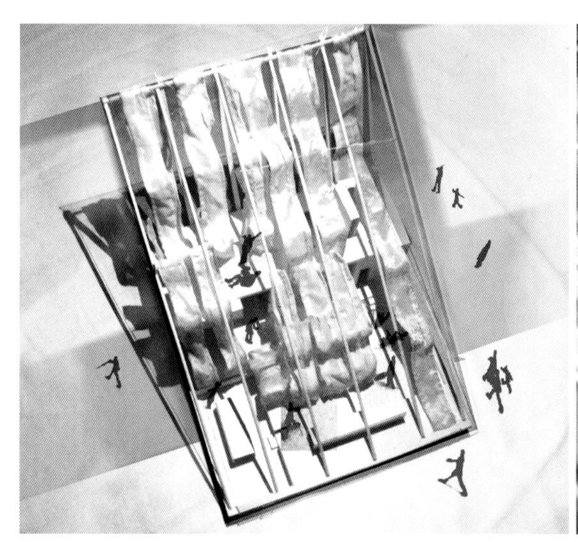

图 3-1-167 设计方案效果图 1

外部效果

空间效果

流光掠影

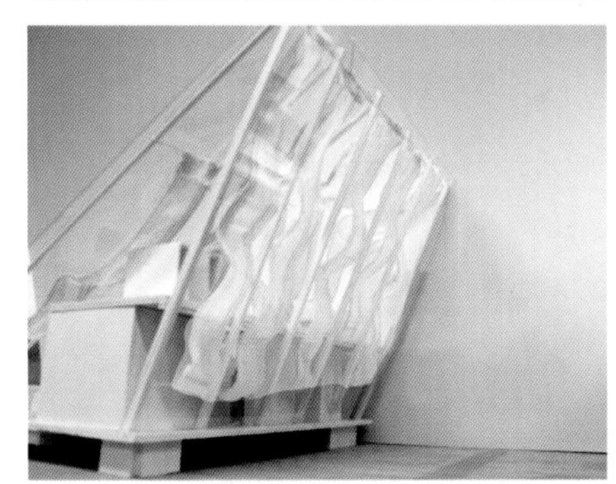

低矮围合

四周围合

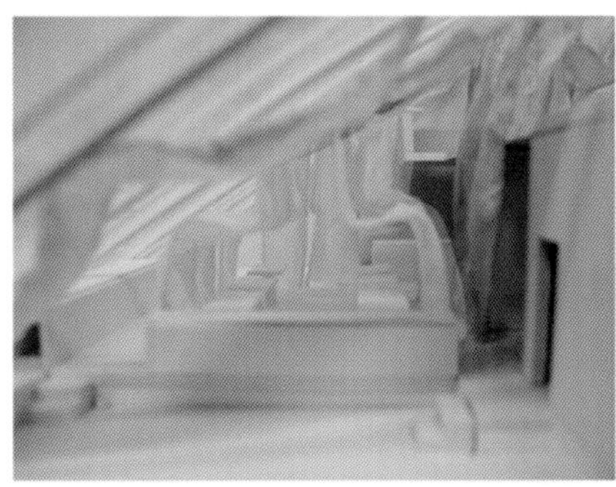

顶面半围合

作品点评：设计概念是在户外晾晒被子的空间中找到的灵感——互动界面。作者对结构、界面进行一体化处理，形成了空间形态及光影不停变幻的空间。

图 3-1-168　设计方案效果图 2

3.2 从感受出发

3.2.1 界面、要素驱动

此阶段常用的策略包括：

(1) 表层空间运用；

(2) 边界运用；

(3) 设施运用。

表层空间运用

方案一

任务课题：校园咖啡书吧

作品名称：流 • 影

设计思路：场地选址在天津大学 25、26斋研究生宿舍楼之间。整齐的宿舍楼南面是青年湖，景观优美。道路两侧树木高大，枝叶甚至将小路围合，创造出有趣的空间效果。宿舍楼间的树影在一天之中会随着阳光的偏移发生变化，给人丰富的空间感受。从树影带给人的美好感受出发，设计希望将建筑作为光的容器，将光、影、树与人的行为进行完美融合，营造出自然温馨的建筑空间。

设计图：图 3-2-1~图 3-2-5

设计者：杨朝（2012级）

指导教师：苑思楠，胡一可

作品点评：作者的想法是对中国传统建筑思维方式的回归。在中国传统中，建筑从来都是环境的附属物。本方案将建筑设定为承接树影、表现树影魅力的媒介。

图 3-2-1 场地现状

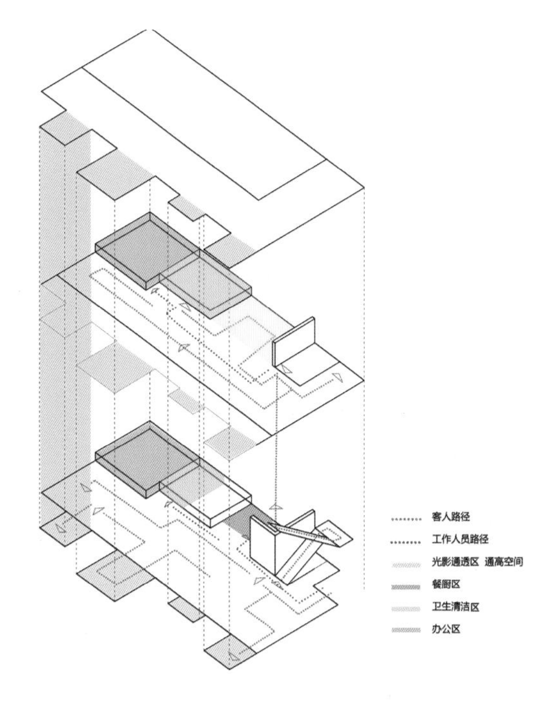

图 3-2-2 设计方案生成过程：流线分析

图 3-2-3 设计方案生成过程：对树与影的思考

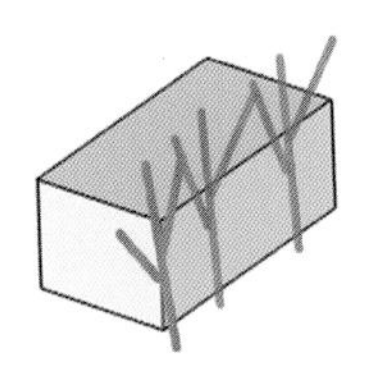
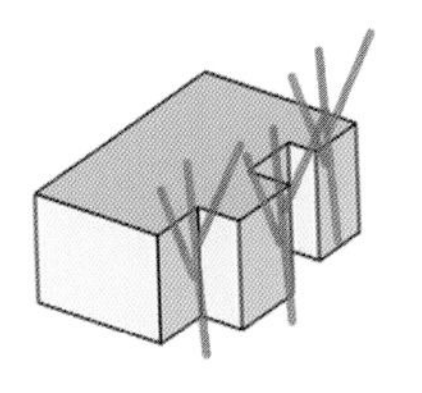
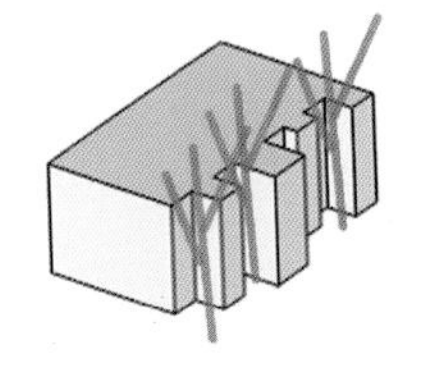
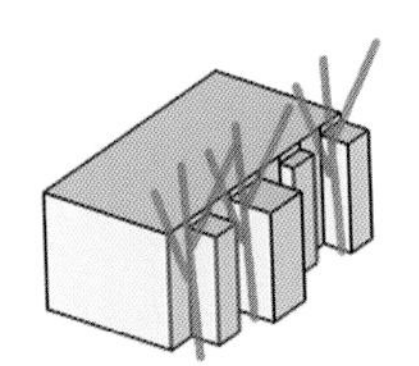

图 3-2-4 设计方案生成过程：体块生成，体块错动，使任何角度都有光影

图 3-2-5 方案模型

方案二

任务课题：校园咖啡书吧

作品名称：Campus Cafe & Book Bar

设计思路：场地选址于天津外国语大学马场道校区老体育馆旁，此处为校园中人流最密集处，也是学生上课的必经之路。设计以咖啡书吧和舞台的结合作为概念，旨在解决当下校区内学生活动场地不足的问题，并且希望借舞台这一要素，给校园带来更多的活力，让学生充分发挥其创造力。

设计图：图 3-2-6~图 3-2-8

设计者：连绪（2014级）

指导教师：谭立峰，苑思楠，胡一可

作品点评：作者将场地中的通过性空间加以利用，从"空间体"的角度思考空间，将不同容积的空间在三维空间中进行组织和排布，形成服务与被服务的空间系统。

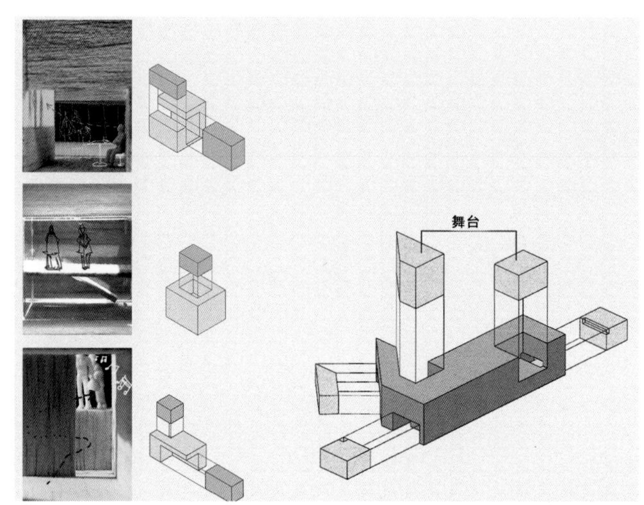

图 3-2-6 设计思路

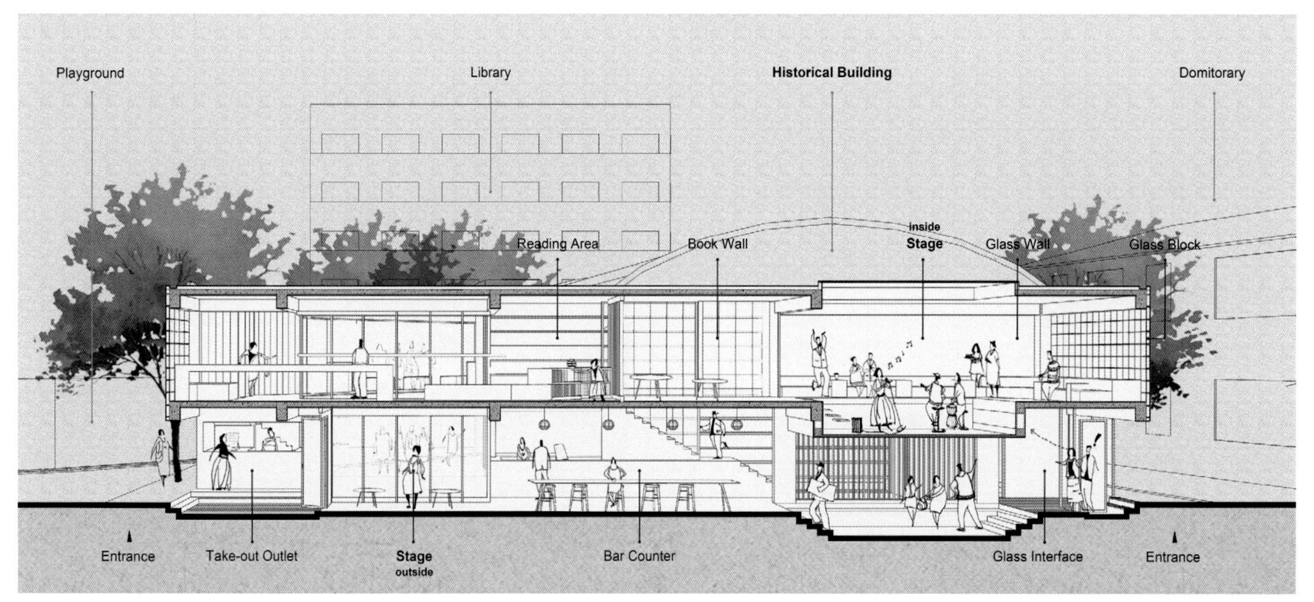

图 3-2-7 设计方案效果图

图 3-2-8 方案模型

边界

方案一

任务课题：校园咖啡书吧

作品名称：穿 • 墙

设计图：图 3-2-9~图 3-2-11

设计者：吴夏霖（2013级）

指导教师：胡一可，苑思楠

作品点评：作者将建筑视为场地中的一种要素——墙，探讨这一要素对于校园边界的塑造究竟有哪些帮助，其中涉及由此带来的交通、分区、设施等方面的诸多改变。

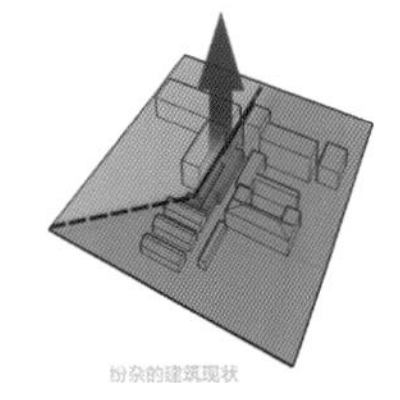

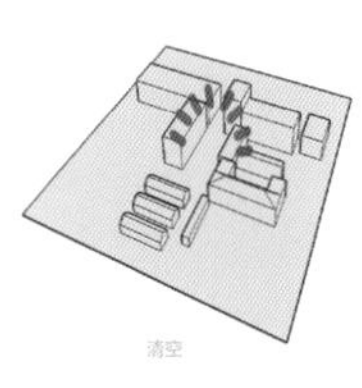

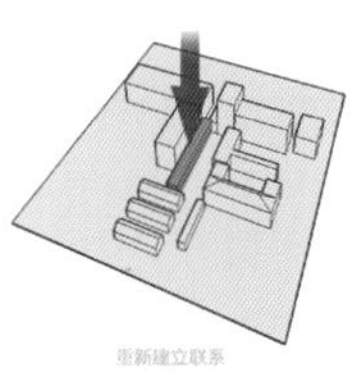

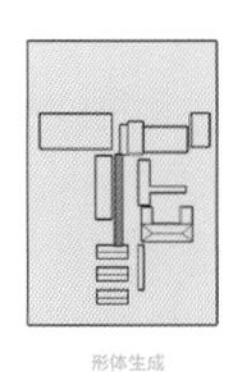

图 3-2-9　方案设计过程：概念生成

图 3-2-10　方案设计过程：形式操作

图 3-2-11　方案模型

方案二

任务课题：诗意的栖居

作品名称：诗意的栖居——山地建筑设计

设计思路：将自然的瞬时之美通过画框展现，探讨人与自然的新关系。

设计图：图 3-2-12~图 3-2-13

设计者：丁雅周（2014级）

指导教师：谭立峰，赵娜冬，胡一可，苗展堂

作品点评：作品以“景墙”为题，画框中展示的是自然山水。中国画的散点透视可以表达园林完整的空间体验序列，作者正是基于此引导观者对空间进行想象。

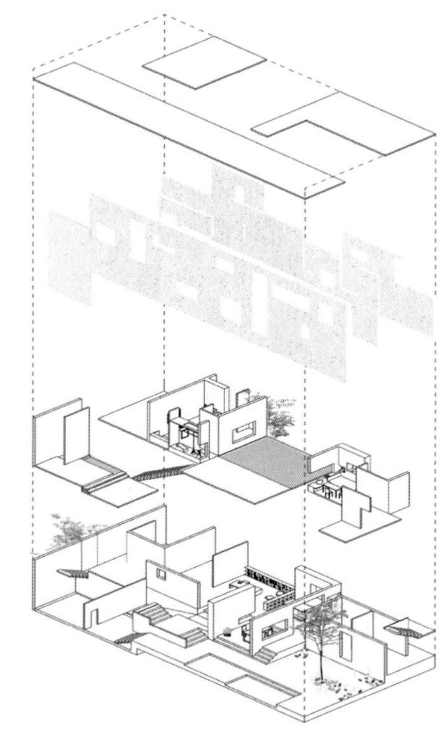

图 3-2-12　设计思路

图 3-2-13　设计方案效果图

方案三

任务课题：西门口设计

设计图：图 3-2-14~图 3-2-15

设计者：董睿琪（2015级）

指导教师：谭立峰，赵娜冬，胡一可

作品点评：城市街道改造 +社区边界设定 +建筑界面提升 +休闲设施完善，作者上述的一系列简单的设计操作完成了公共空间的多重改变。

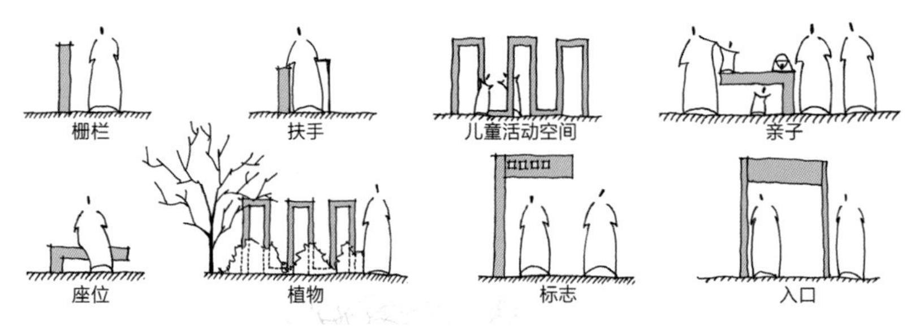

图 3-2-14 空间原型

图 3-2-15 设计方案效果图

方案四

任务课题：校园咖啡书吧

设计策略：以书墙界定空间

设计思路：设计以两面厚重的书墙撑起一个通透的观景盒子，充分考虑建筑与环境、建筑和人的关系。建筑中的人可以欣赏窗外的风景，外面的行人看到客人喝咖啡也会被吸引。行人在通过公共通道时，还可以欣赏书墙。墙体的概念很强，建筑内部做两面厚厚的书墙，具有辅助功能的空间都被放进墙里，书墙两侧的空间比较宽松，与坚实的墙体形成对比。

设计图：图 3-2-16~图 3-2-17

设计者：赵怡宬（2012级）

指导教师：苑思楠，胡一可

作品点评：作者对于宁静空间的向往通过书墙这一空间表现出来，“墙”整合了多种类型的小空间，而将绝大多数空间解放出来。

场地调研

形体生成

概念生成

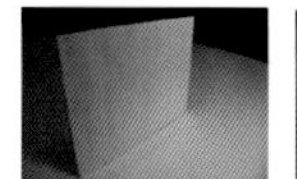
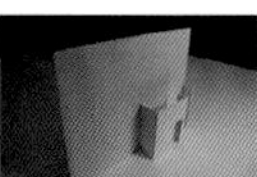
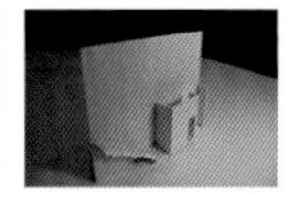

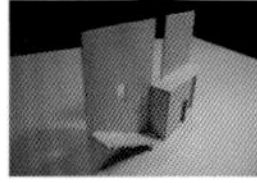
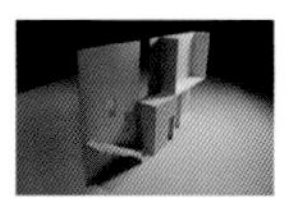

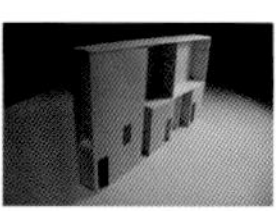

图 3-2-16 设计思路

图 3-2-17 方案模型

方案五

任务课题：校园咖啡书吧

作品名称：Campus Cafe & Book Bar

设计策略：创造一个新的界面

设计图：图 3-2-18~图 3-2-19

设计者：董睿琪（2015级）

指导教师：胡一可，谭立峰，赵娜冬

作品点评：设计试图解决场地围合感不足、缺乏场所感、活动难以开展的问题。建筑既为使用者提供多种视角，同时也最大限度地围合了空间。建筑中的人在“看”，也在“被看”。

概念生成

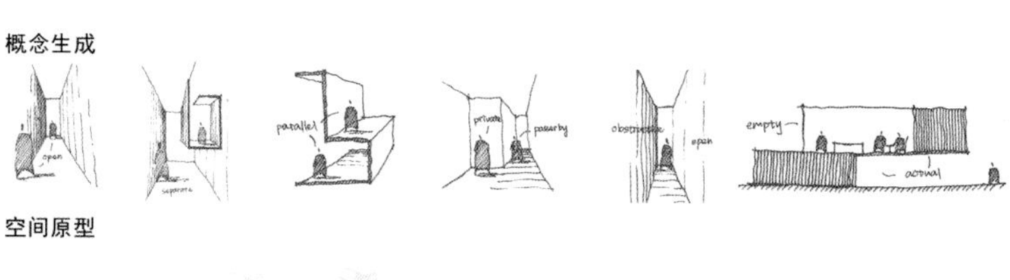

空间原型

空间操作

图 3-2-18　设计思路

图 3-2-19　方案模型

方案六

任务课题：社区生活发生器

作品名称：天南墙

设计策略：增强天津大学和南开大学边界的连通性，开辟新的路径，扩大两侧商业服务场所的辐射范围，同时确保一定的隔绝性，寻找隔绝与连通的最佳平衡点，激发边界的潜在活力。

设计图：图 3-2-20~图 3-2-25

设计者：卢见光（2016级）

指导教师：胡一可，孙德龙

作品点评：边界作为行为的容器，边界处的活动类型最为多样，而场地现状不容乐观，由于停车的干扰，空间的使用频率极低。作者通过空间的处理，进行了分区和安全性的考量，还校园一个充满活力的边界。

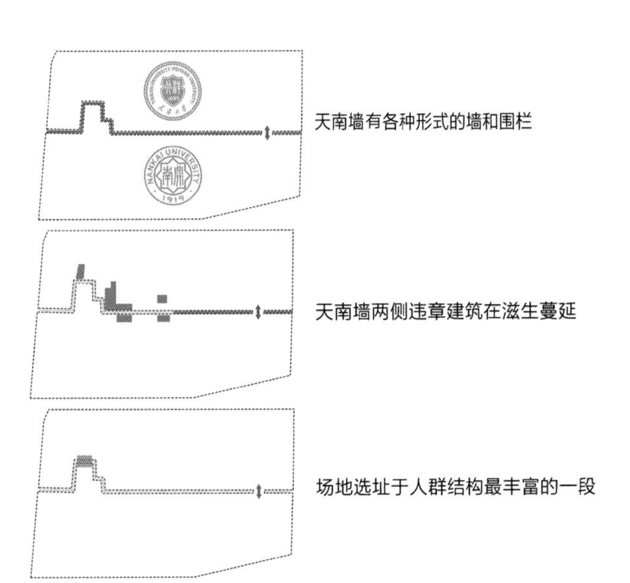

人群活动时间表

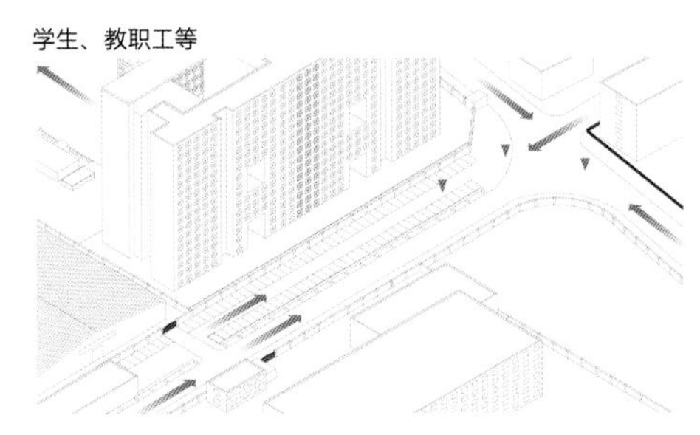

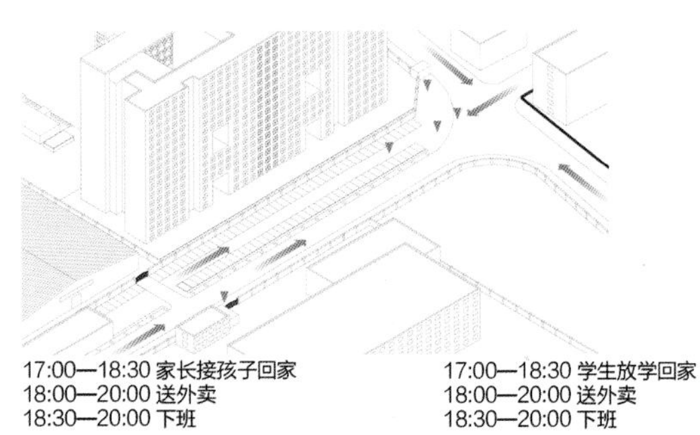

图 3-2-20　前期调研

形态生成——功能逻辑

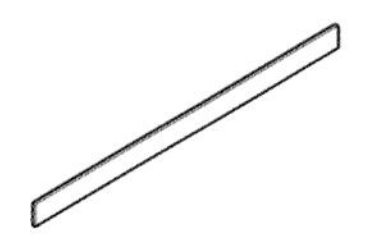
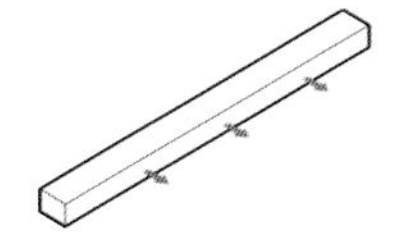
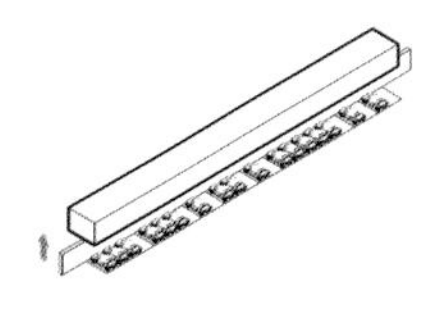
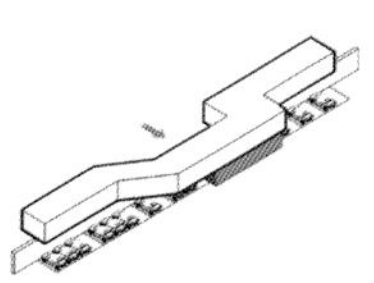
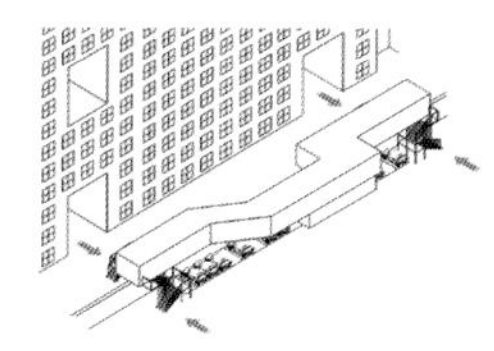

形态生成——形式逻辑

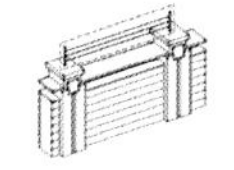
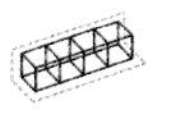
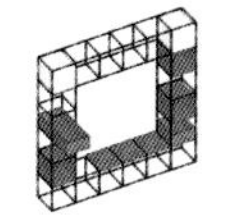
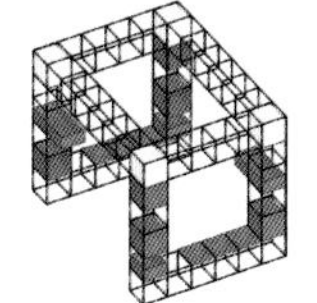
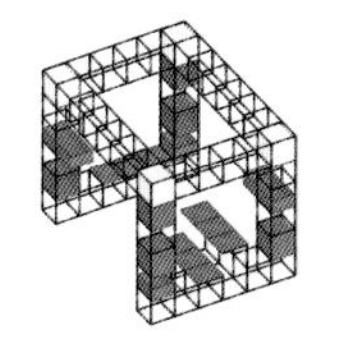

图 3-2-22 设计思路：形态生成

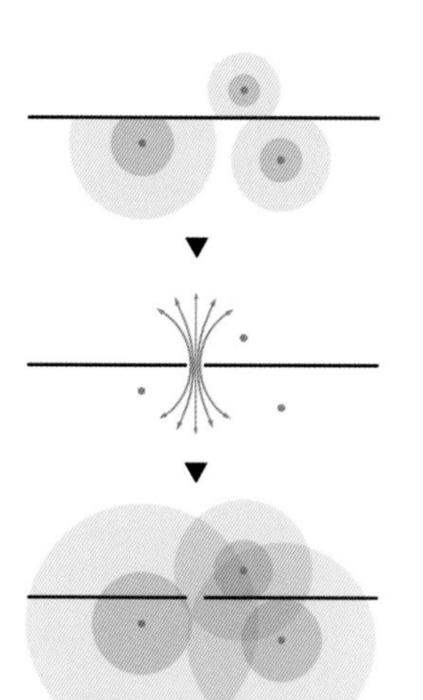
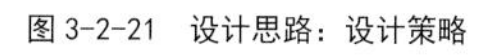

图 3-2-21 设计思路：设计策略

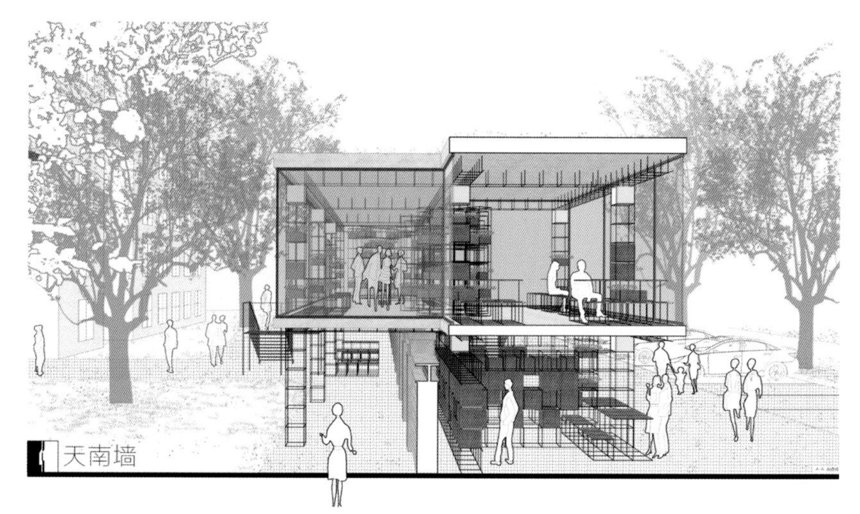

图 3-2-23 设计方案剖面图

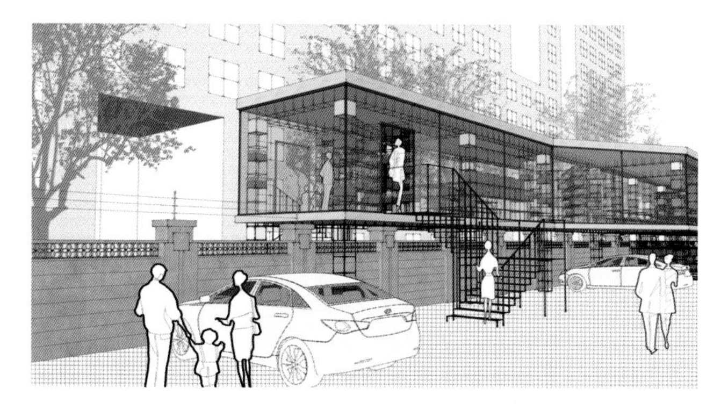

图 3-2-24 设计方案效果图

图 3-2-25 方案模型

设施

方案一

任务课题：西门口设计
作品名称：逐•光
设计策略：老年人晒太阳的空间
设计思路：天津大学西门口光湖里小区建于20世纪 80年代初，小区公共设施不规范、不完善，且楼房密度高，缺乏公共活动空间，冬天日照不足的情况尤甚。调研发现，目前 60岁以上老年人占比 40%，更有百余名 80岁以上的耄耋老者，是名副其实的老年化社区。设计希望为这里的老年人提供能够晒太阳的空间。
设计图：图 3-2-26~图 3-2-27
设计者：姚依容（2015级）
指导教师：胡一可，谭立峰，赵娜冬
作品点评：作者试图解决的是日照不足的问题，曾为遮挡阳光的问题与社区和政府部分沟通，但改变目前状况十分困难。于是设计方向转向为社区老年人提供什么样的可以晒太阳的空间。基于光照强度的标记，作者引入了一个线性的游憩设施系统，解决问题的方式巧妙而有效。

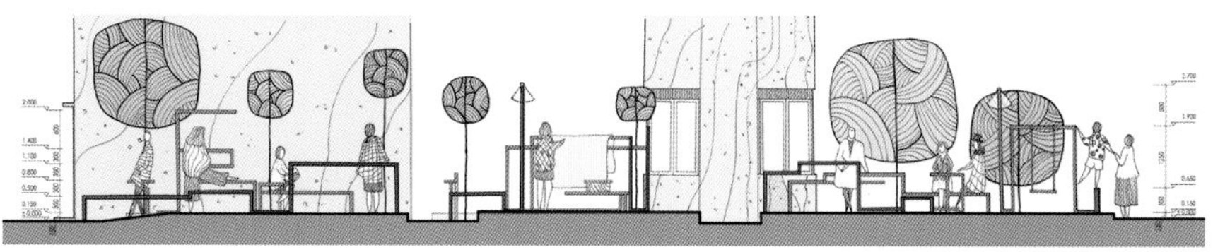

图 3-2-26 设计方案剖面图

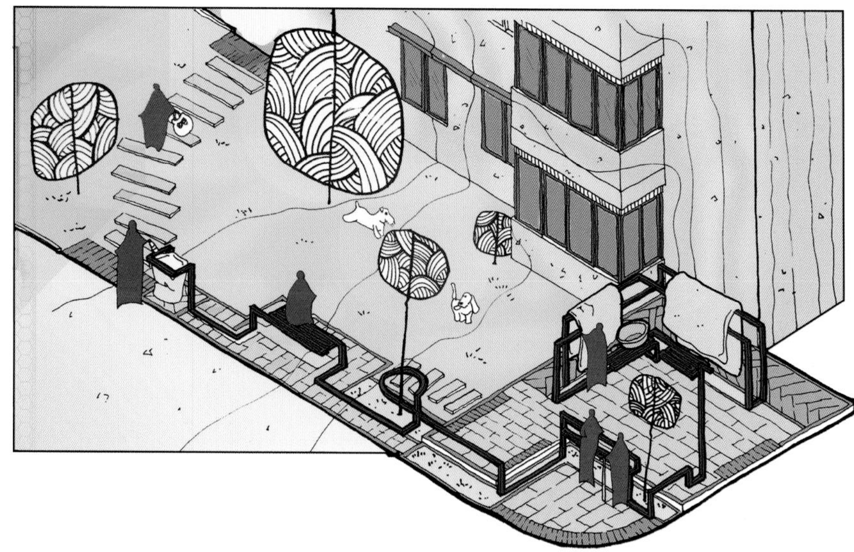

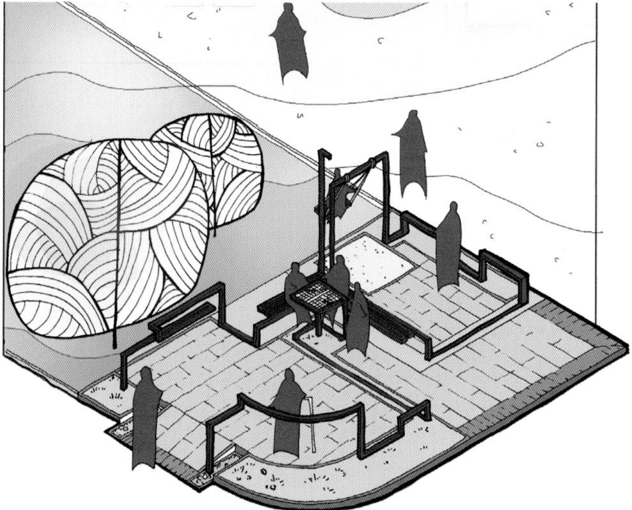

图 3-2-27 设计方案效果图

方案二

任务课题：社区生活发生器

作品名称：社区生活发生器

设计思路：阿毛从出生起就住在四季村小区里，至今还得靠数数、看楼号才能找到他家的楼。四季村小区始建于 20世纪 80年代，作为典型的老旧楼社区的代表，社区内可供活动或具有标识性的空间并不多。小区内的建筑整体以板楼阵列的形式存在，外观相同的楼并排而立，以至于初入社区的住户在短时间内很难准确判断出自己所在地的位置与目的地的方向，甚至在社区内长久居住的住户也被一模一样的住宅迷惑困扰。板楼门牌与单元号对于上述问题只能起到一定的缓解作用，社区整体仍然缺乏标识。同时随着小区人口的增长，小区内的车辆也不断增多，原本规划中的车行空间不足，于是向人行空间进行扩张；长年积累的废旧杂物堆放在社区的公共空间中，大大挤压了社区内居民的活动空间。

"社区生活发生器"为老旧社区居民提供新的生活及活动方式，同时可以改善社区内住宅单调乏味的面貌，在活动空间与标识系统上做出改善。设计以点的方式植入小型建筑空间，补全社区内现存功能的缺失，并以植入的空间作为社区的标识。根据覆盖社区的供暖管道排布，设置高出地面的人行步道，为社区居民的活动提供新的场所与方式，同时利用步道连通各个植入点，将社区内部进行连通。

阿毛以后回家，终于可以一眼就找到自己家的位置了。

设计图：图 3-2-28~图 3-2-30

设计者：姜悦宁（2016级）

指导教师：孙德龙，胡一可

作品点评：作者对场地进行了深入的观察，通过针灸式的手段改变社区内的若干节点，以打通经络，带来整体空间品质的提升。

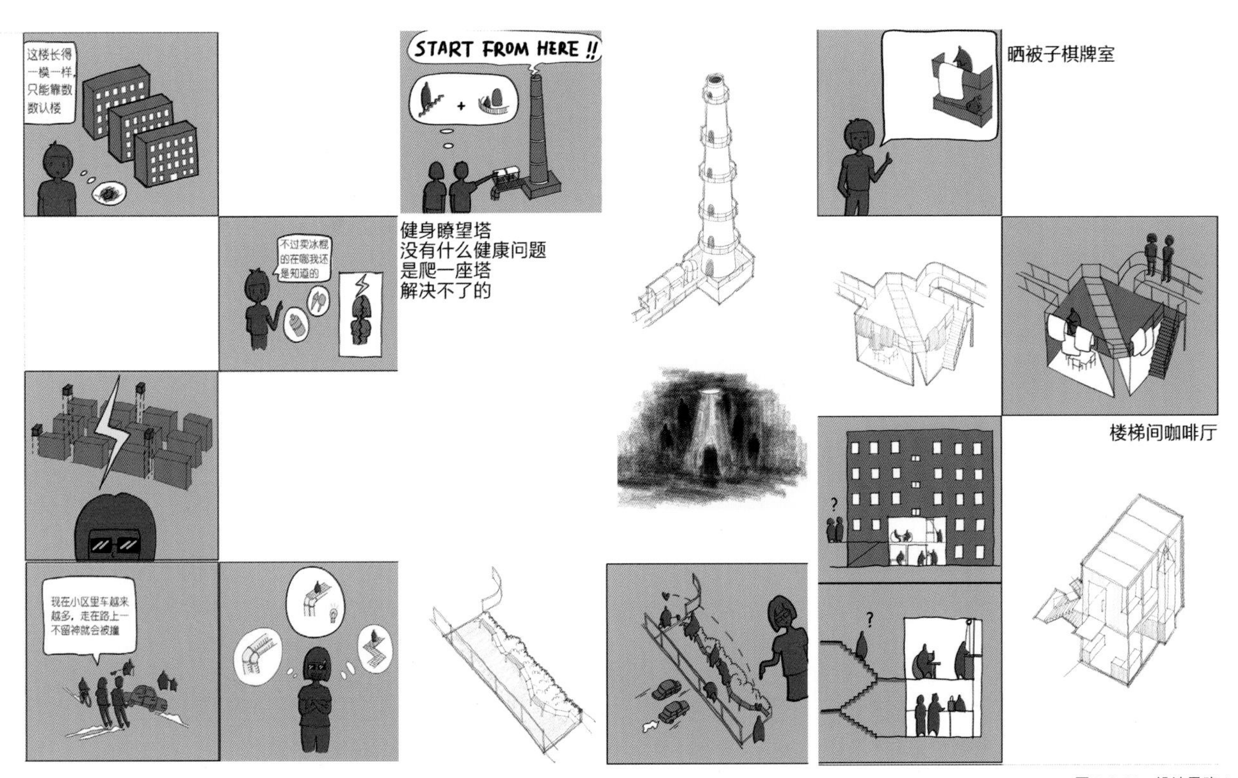

图 3-2-28　设计思路 1

吊床

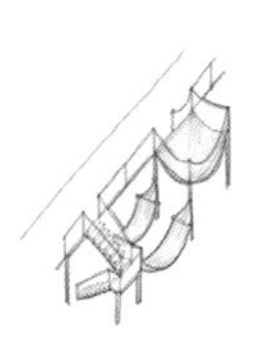

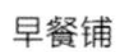

野猫山丘

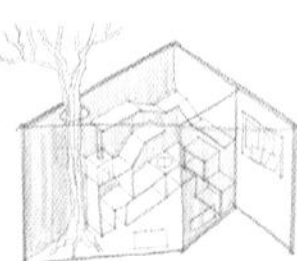

种植景观走廊

鸽笼书店

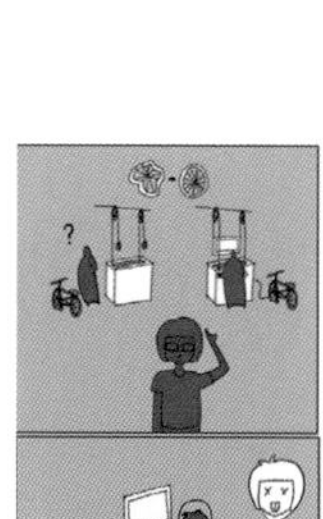

爸妈聊天室

T台电影院

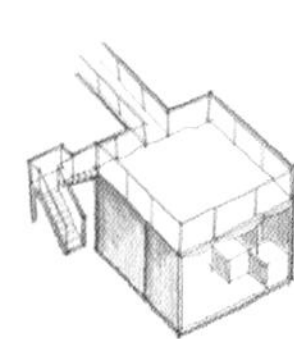

治疗颈椎病的GALLERY

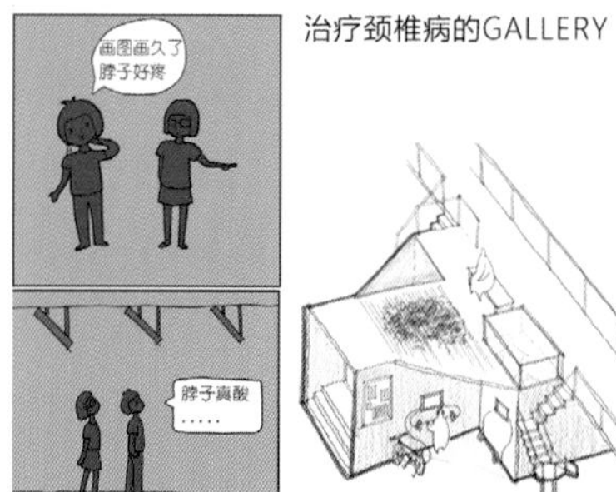

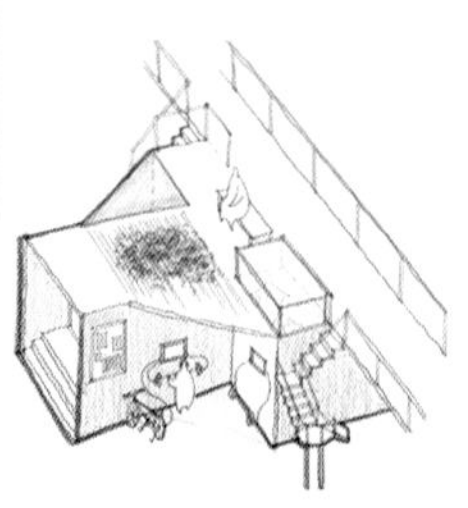

发呆自闭室

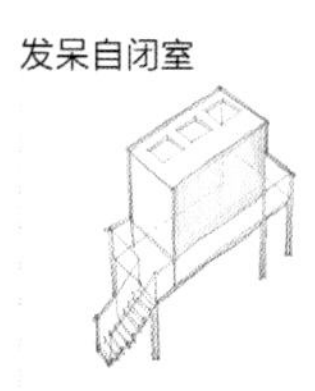

图 3-2-29 设计思路 2

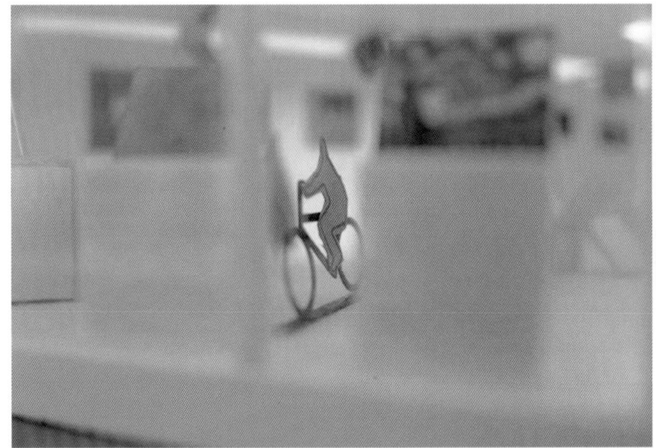

图 3-2-30 方案模型

方案三

任务课题：社区生活发生器

作品名称：ROOFTOP

设计思路：如果我们把城市中的老居民楼当成地球来看，我们往往会体会到它人口超负荷、空间几乎饱和的情况。

那么，当地球遇到这种情况时，人们会想做什么呢？——以航天员的身份，获得一种逃离的可能，去探索广袤的宇宙。

设计者将 4个屋顶看成 4颗不同的星球，希望能通过星球上的一些要素，激发宇航员的停留与活动，并保持该地的长期活力。

设计图：图 3-2-31~图 3-2-34

设计者：刘畅翔（2016级）

指导教师：孙德龙，胡一可

作品点评：作者带着自己的幻想去做了一个与调研信息关系不大的设计，可以看到其强烈的主观创作欲望和对未来生活的思索。

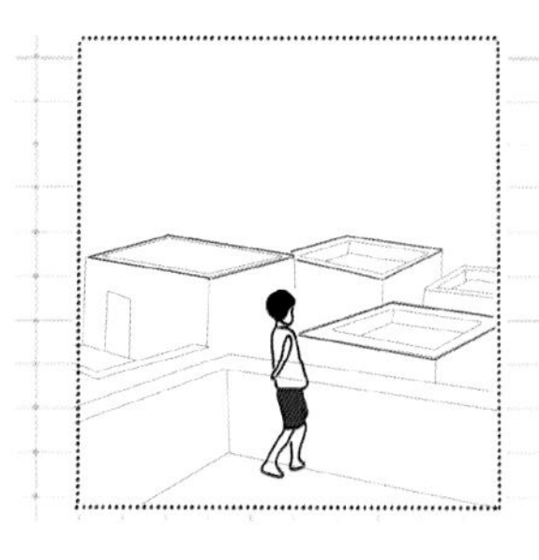

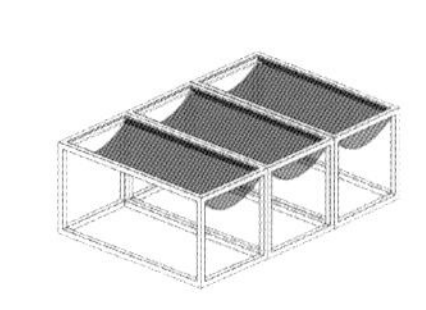

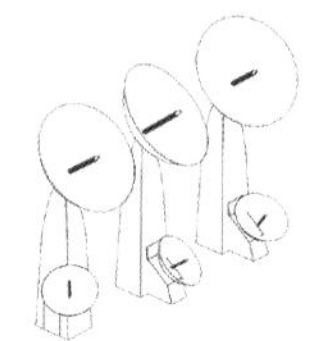

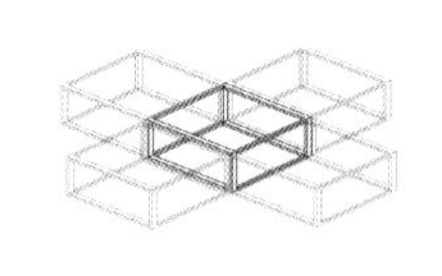

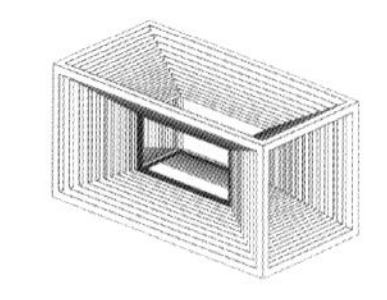

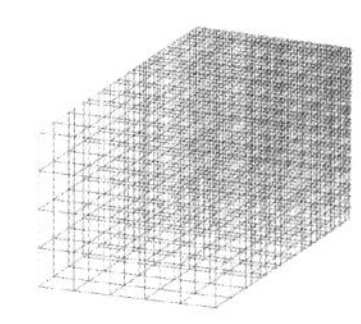

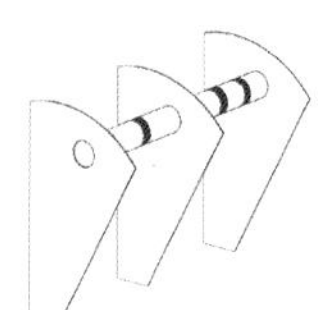

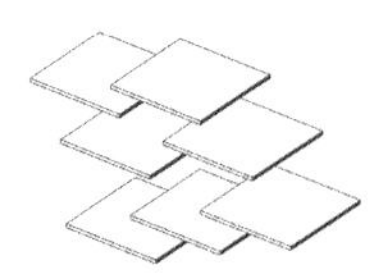

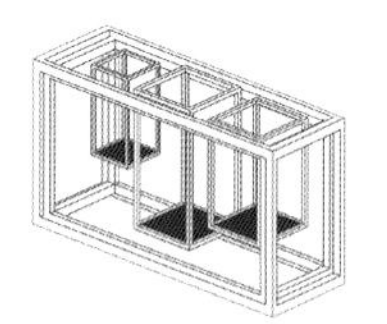

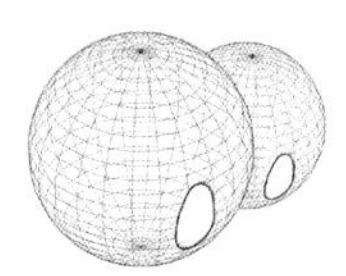

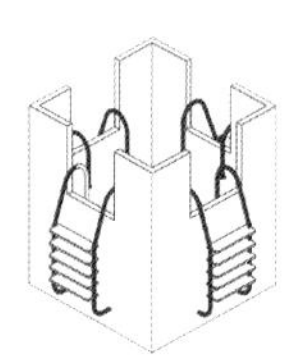

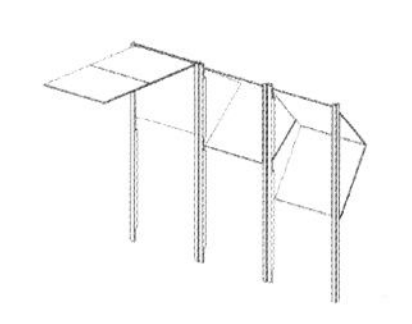

图 3-2-31　设计思路

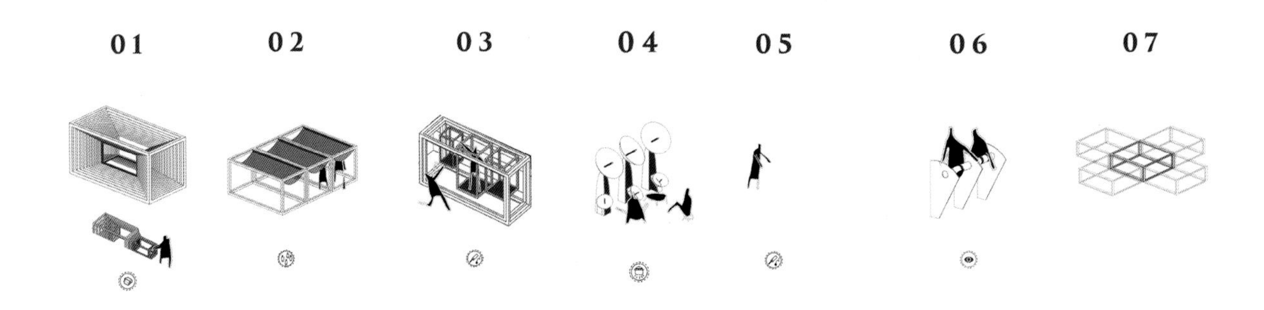

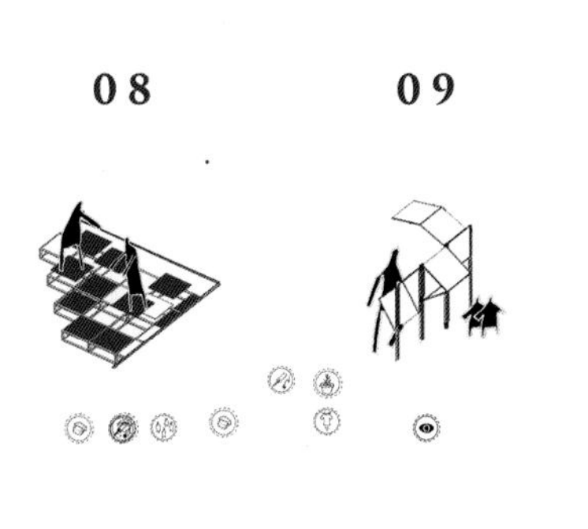

图 3-2-32　设施设计

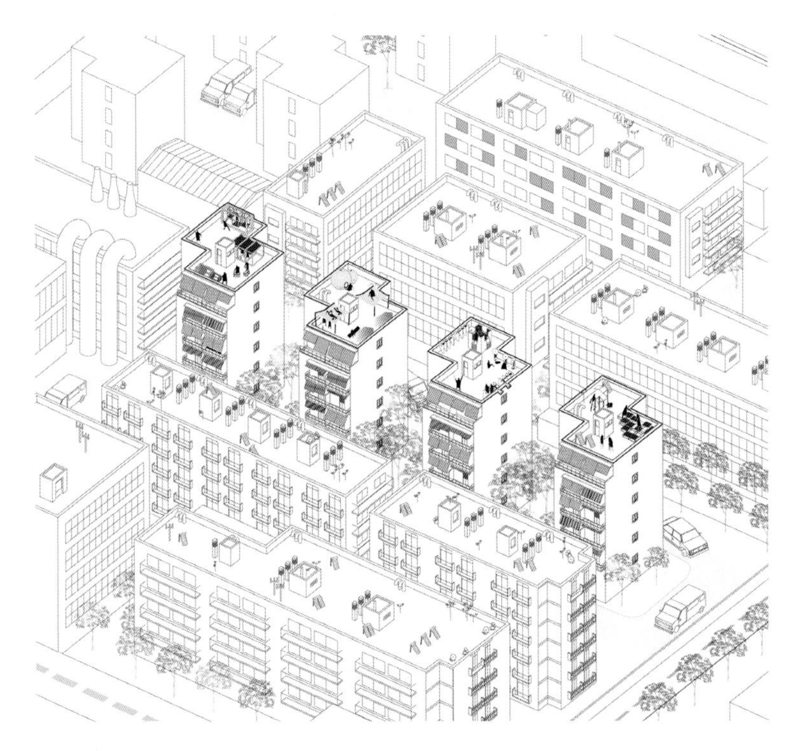

图 3-2-33　方案效果图 1

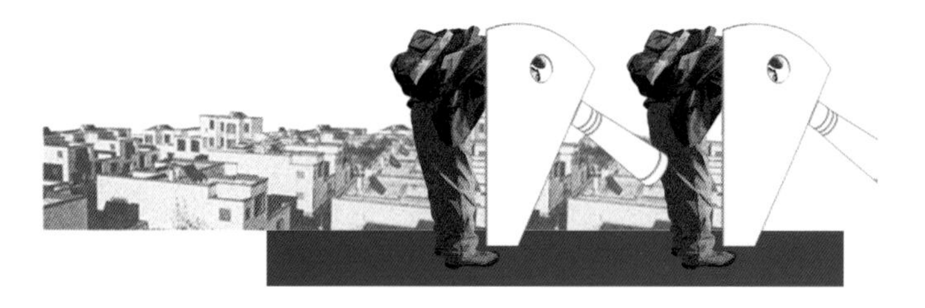

图 3-2-34 方案效果图 2

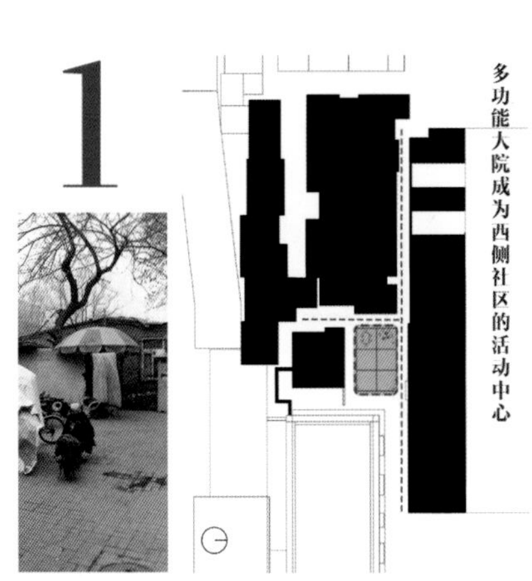

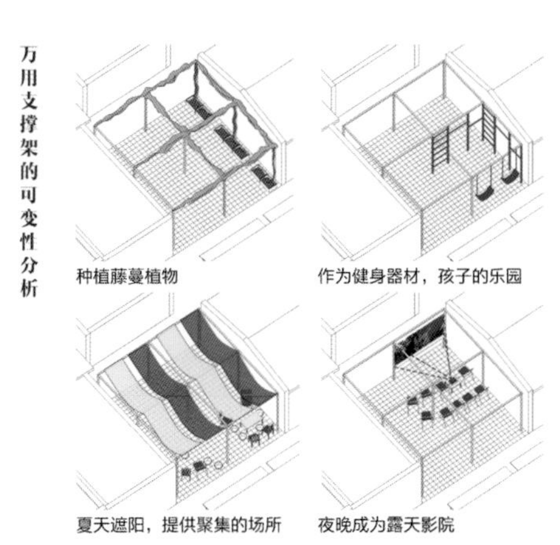

方案四

任务课题：社区生活发生器

作品名称：架子社区

设计策略：用可活动的置物架来增强檐下空间的垂直利用率，实现院落的多功能。

设计图：图 3-2-35~图 3-2-37

设计者：任叔龙（2016级）

指导教师：孙德龙，胡一可

作品点评：此设计为模块化的微改造。设计根据具体的空间形式与空间尺寸进行空间设置，以实现作者设想的社区生活场景。现状存在的问题如下。

（1）檐下空间：增加了雨棚或屋檐，但是檐下空间利用效率不高，人们随意拉晾衣绳。

（2）公共空间：交通工具和杂物以及藤蔓植物的架子占用了公共空间，再加上屋檐，使得室外空间与室内一样杂乱狭小。

解决方法：强化檐下的拥有感，强化院落的公共性。

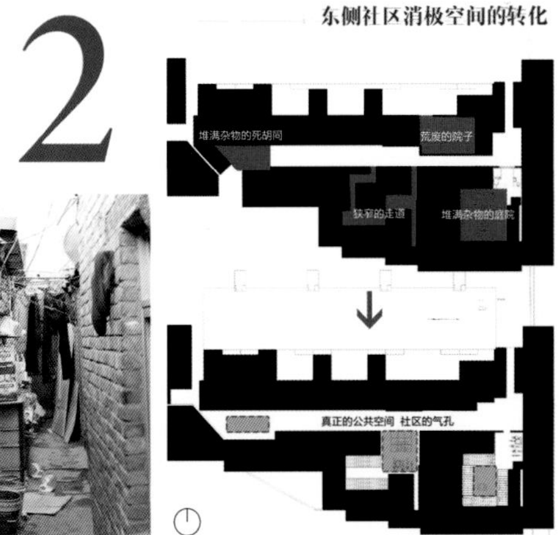
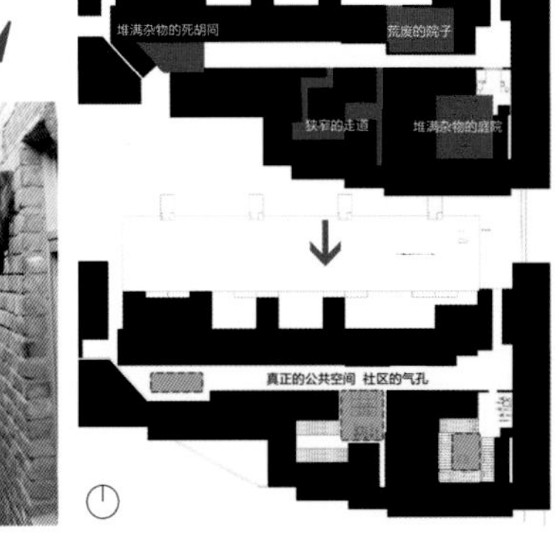

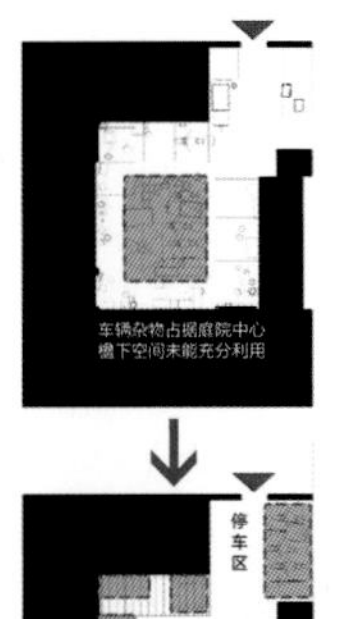

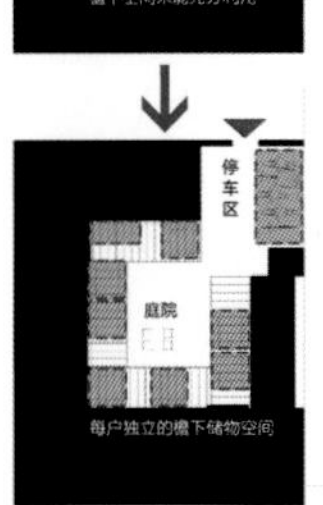

图 3-2-35　设计思路 1

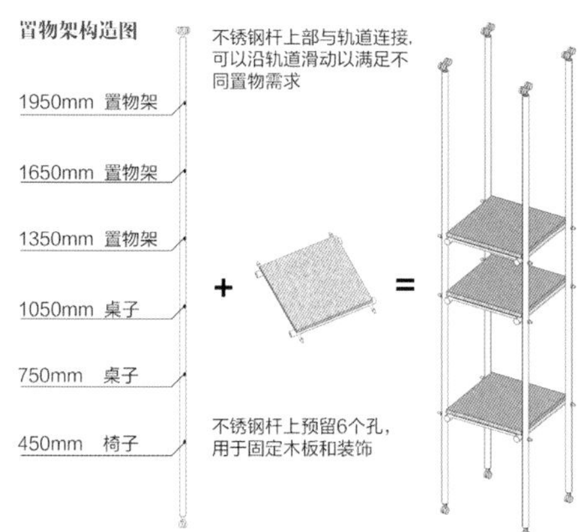

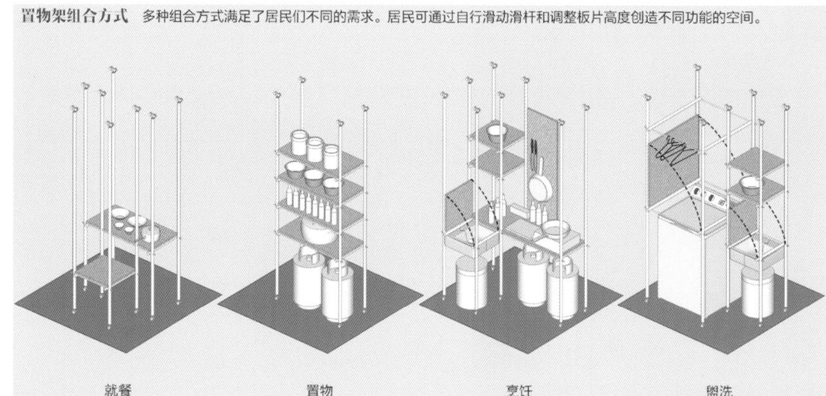

图 3-2-36 设计思路 2

图 3-2-37 方案 模型

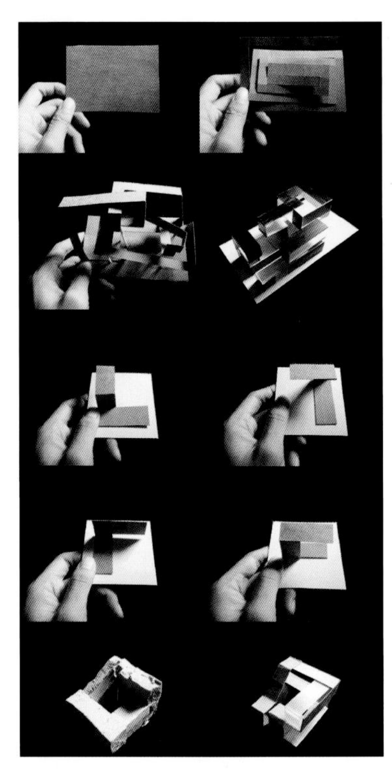

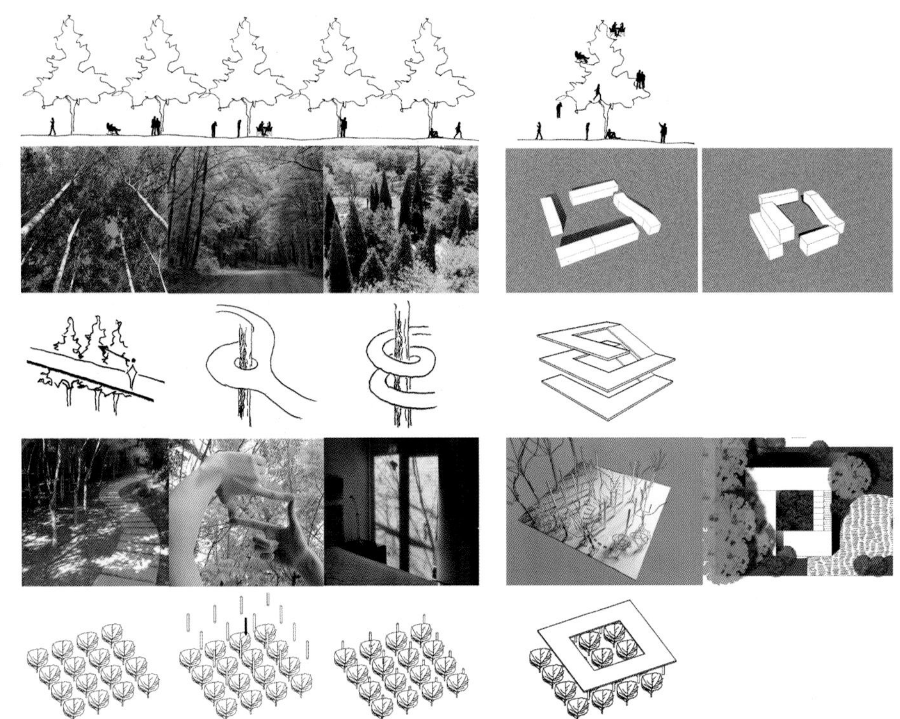

图 3-2-38　设计思路

3.2.2　空间路径驱动

此阶段常用的策略包括：

（1）实现体验的路径；

（2）实现相遇的路径；

（3）实现承载活动的路径。

为了体验的路径

方案一

任务课题：校园咖啡书吧

设计策略：最大限度延展观景体验

设计图：图 3-2-38~图 3-2-40

设计者：林培旭（2013级）

指导教师：胡一可，苑思楠

作品点评：概念、空间、路径、结构按同一种逻辑组织，作品清晰凝练。

图 3-2-39　方案模型 1

图 3-2-40 方案模型 2

方案二

任务课题：校园咖啡书吧

作品名称：Close to the Trees

设计策略：如何最大程度且更全面地欣赏一棵树

设计图：图 3-2-41

设计者：黄斯野（2014级）

指导教师：谭立峰，苑思楠，胡一可

作品点评：院中之树、巷中之树、园中之树，作者试图表达三重意境。

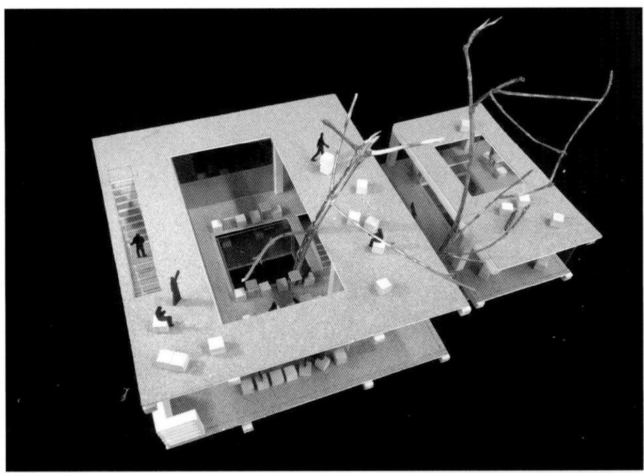

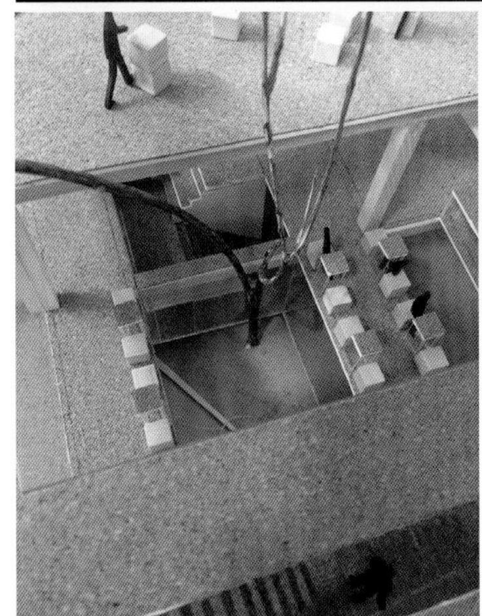

图 3-2-41 方案模型

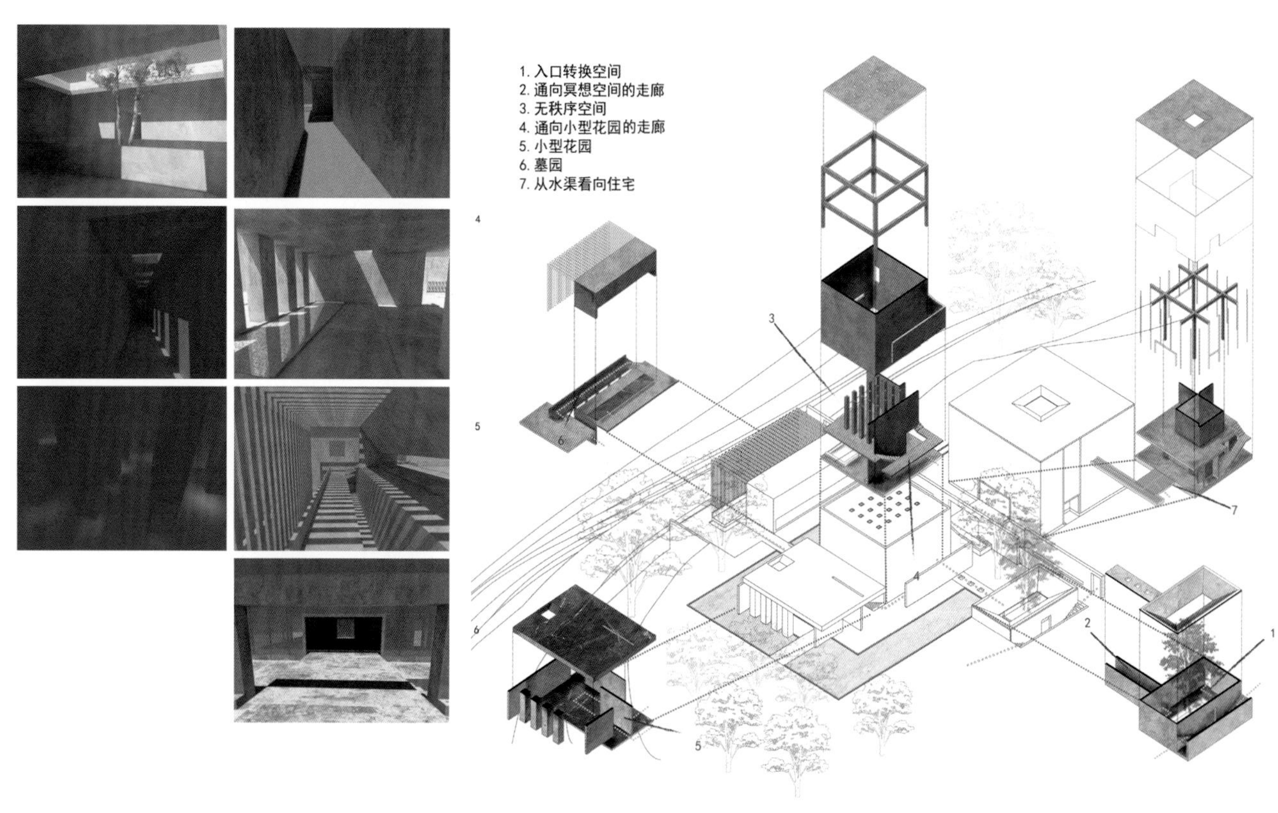

图 3-2-42 设计方案

方案三

任务课题：诗意的栖居

作品名称：住宅 +家族墓园

设计策略：最大限度延展观景体验

设计图：图 3-2-42~图 3-2-43

设计者：宋子玉（2014级）

指导教师：赵娜冬，谭立峰，胡一可，苗展堂

作品点评：探讨所谓的"死亡"主题只是作者想要去除纷繁复杂的周遭环境，做一处宁静的、自在的体验场所。

图 3-2-43 设计方案效果图

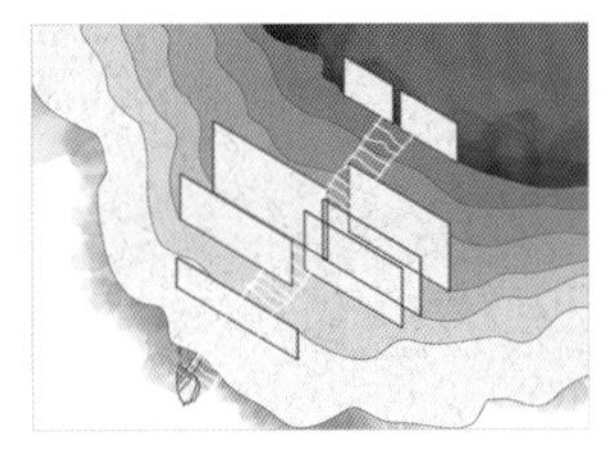
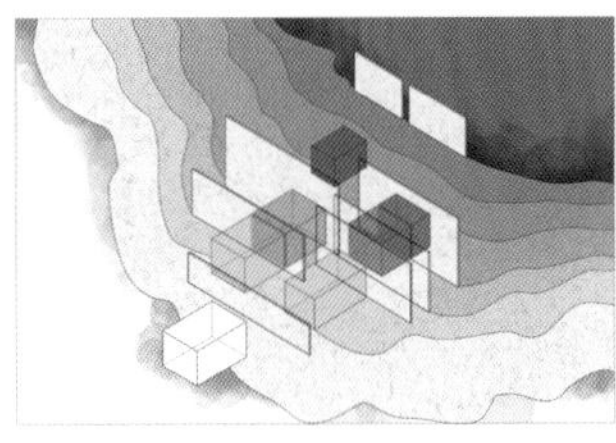

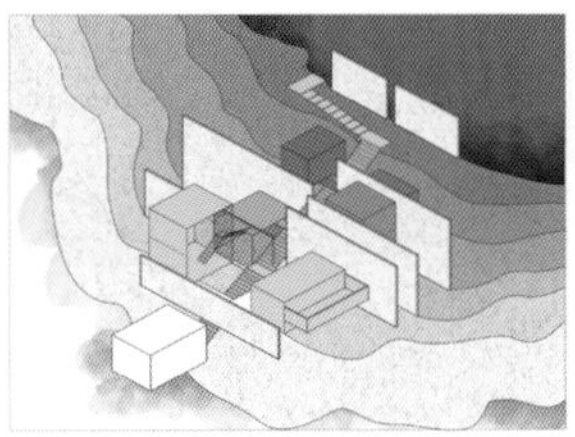

图 3-2-44 空间操作

方案四

任务课题：诗意的栖居

作品名称：朦胧

设计策略：营造一条追寻朦胧之感的空间路径

设计思路：如何营造一条穿越层叠、追逐光影序列的观雾之路？

如何营造雾感？

迷茫感——反射多重物象；

均质化——半透明的叠加。

如何设置路径？

迷宫般曲折——风车形；

单一的纯粹——直线形。

如何营造光感？

不同透明度方片相互遮挡——光域的退晕；

黑与白 /线与面的几何化——远近的消弭。

设计图：图 3-2-44~图 3-2-46

设计者：徐嘉悦（2015级）

指导教师：胡一可，孙德龙

作品点评：追逐朝阳之路，作者通过地形引导、路径组织、不同高度空间的叠置等手段获取想要的空间体验。

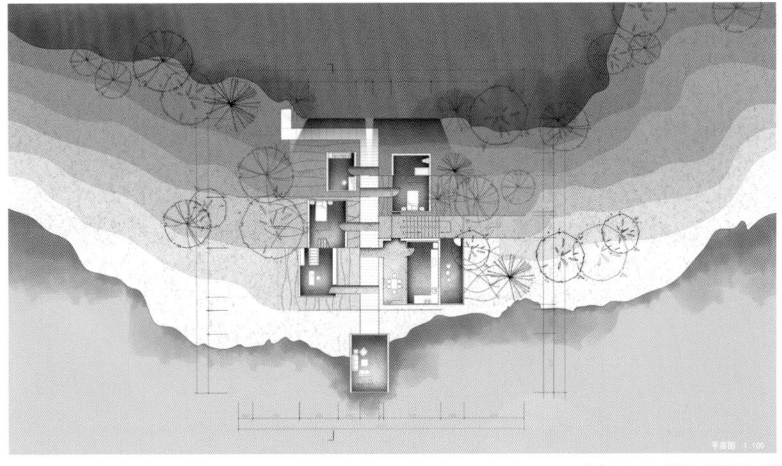

图 3-2-45 设计方案平面图

图 3-2-46 设计方案效果图

为了相遇的路径

任务课题：校园咖啡书吧

作品名称：邂逅——转角遇到爱

设计思路：场地选址于天津大学 25斋男生宿舍楼与 26斋女生宿舍楼之间的休息平台，面朝青年湖，景色优美，环境幽静，是很多情侣停留的地方，但大多数学生会径直沿两侧道路行走，有些会通过楼间平台，很少相遇。本项目希望在此平台处设计一处适合谈恋爱的咖啡书吧，利用高大的书架形成书墙，自然划分出丰富的空间层次，为顾客提供相遇的可能性，使顾客在此空间内行走时有意外邂逅的空间体验。

设计图：图 3-2-47~图 3-2-48

设计者：于安然（2012级）

指导教师：胡一可，苑思楠

作品点评：这是《转角遇见爱》的空间版本，界面设置、路径宽度、转折方式等都是在运用空间激发某些行为的发生。

空间可能性探讨

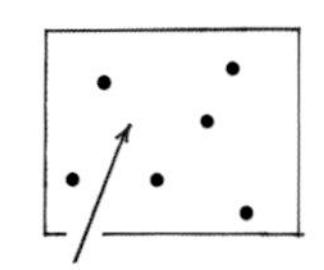
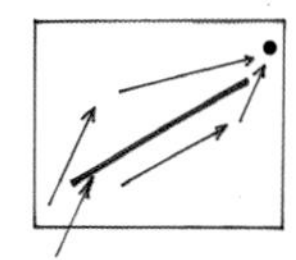
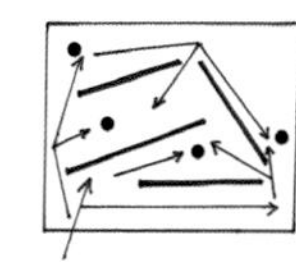

空间形式生成

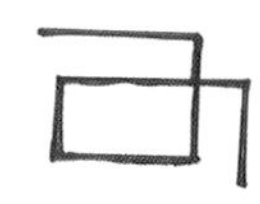
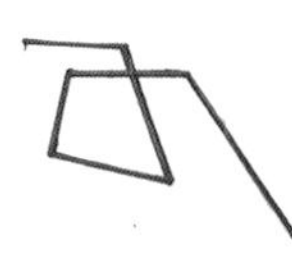
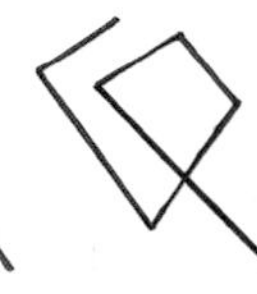
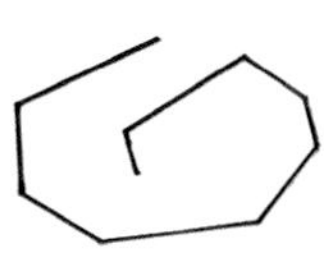

空间形式深化

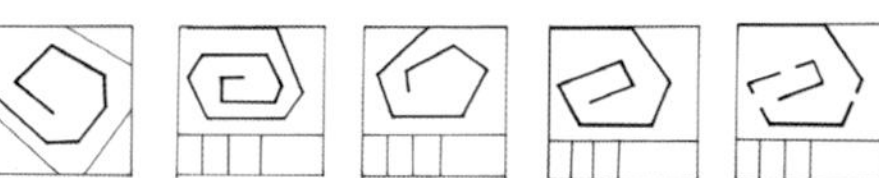
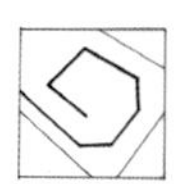
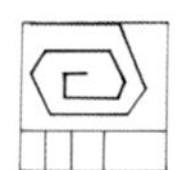
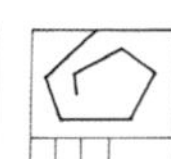
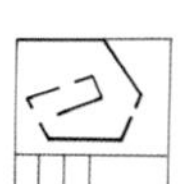

形体生成

图 3-2-47 设计思路

图 3-2-48 方案模型

家长止步线
5人
自行车
商贩
汽车

低年级（一二年级）放学16:00

低年级（一二年级）放学16:05

低年级（一二年级）放学16:10

低年级（一二年级）放学16:35

高年级 放学16:40

高年级 放学16:50

高年级 放学17:00

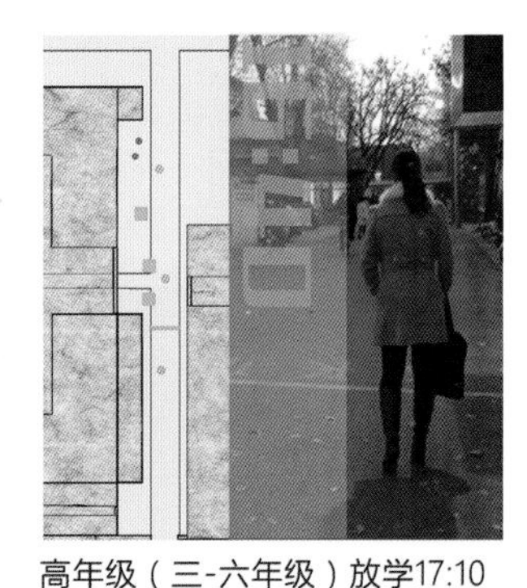
高年级（三-六年级）放学17:10

图 3-2-49　场地调研分析 1

为了承载活动的路径

方案一

任务课题：西门口设计

作品名称：放学快乐

设计思路：设计使用引导性栅栏，在孩子放学的必经之路上为他们创造较为有序的放学路线，并保证家长可以找到孩子，提高安全性。引导性栅栏也为家长们提供了一个社交场所，让彼此及时沟通孩子的学习状况，分享育儿经验。

设计图：图 3-2-49~图 3-2-52

设计者：周轶譞（2015级）

指导教师：赵娜冬，胡一可，谭立峰

设计策略

01：改变家长堵塞交通流线的现状，利用校门口至家长聚集区域的一部分闲置区域（仍保留一部分作为缓冲区），将家长人群划置在放学流线两侧，以保证放学流线的畅通。

02：将原本为直线的流线弯曲，可起到延长孩子放学路径的效果，从而增加孩子与家长的接触面积，让家长找到自己的孩子更容易，同时也增加了家长等候区域的面积。

03：为了保证家长等候空间与孩子放学空间有区分，将家长限制在家长等候空间，使家长不干扰到正常的放学流线，但同时又要保证构筑物本身的体量小、存在感低，不挤压原本狭窄的空间，此处使用不同的铺地材质对不同空间加以区分，并设置栏杆对人群加以引导。

04：在放学的路径中，孩子随时有可能被家长找到，所以创造入口使孩子在找到家长后立即进入家长等候空间与家长会合是十分必要的。"推"的动作使孩子进入家长等候区时不会妨碍到其他孩子正常行进。

05：家长从入口接到孩子，到从家长等候区离开，应不妨碍正常的放学流线。

06：家长一般会较为密集地聚集在距离校门更近的位置。根据家长的心理和对家长行为的调研发现，站在远离校门一端，即人群较为稀疏的地方的家长往往与孩子提前约定好了相见的位置，他们往往不需要在校门站立等候。在距校门的远端设置座椅，为站立等候的家长提供休息的地方。

07：创造可自由升高、降落的栏杆，保证非放学时段地面的平坦，保证上下学时教师的私家车可以驶入学校。由于此校门是小学的唯一入口，也需要满足消防车的通行需求。同时，在非放学时段也应保持小学大门视觉上的完整性。

作品点评：作者在逼仄的空间中探讨了空间效率和空间组织逻辑的问题。

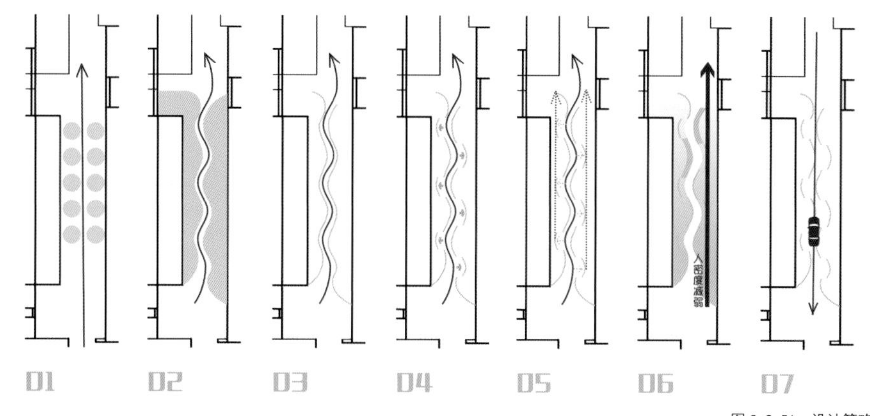

图 3-2-51 设计策略

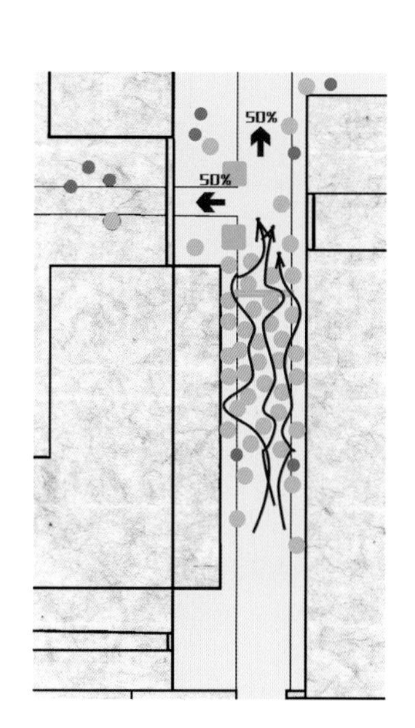

图 3-2-50 场地调研分析 2

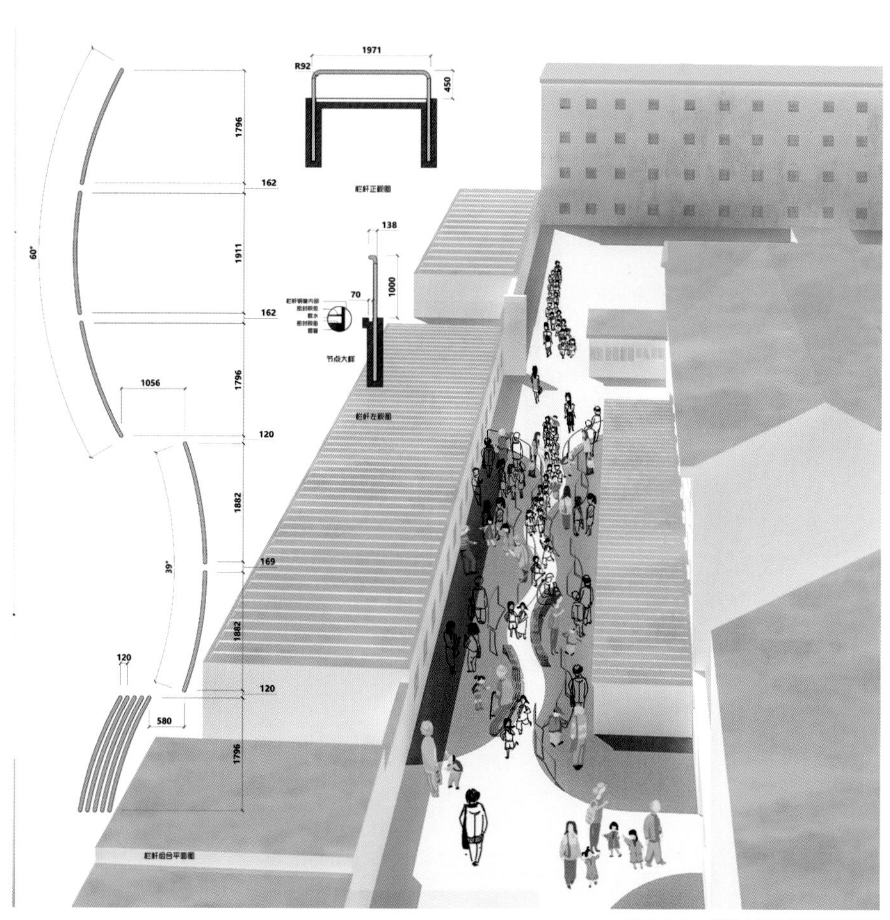

图 3-2-52 设计方案平面图与效果图

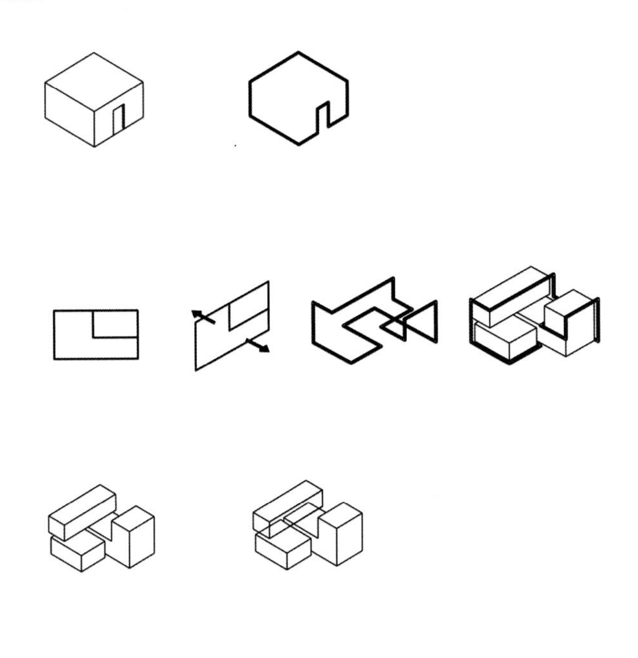

图 3-2-54　设计方案效果图

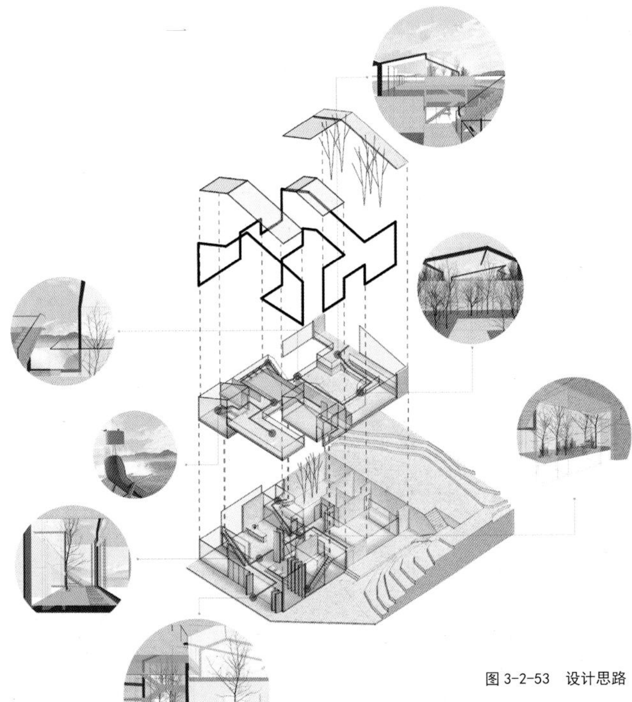

图 3-2-53　设计思路

方案二

任务课题：诗意的栖居

作品名称：画 • 境

设计策略：以建筑为媒设计一条漫游路径

设计思路：建筑基地选在环秀湖南侧，设计希望使建筑成为由道路到山林再到湖面的一个媒介，在场地中创造一条漫游序列。人们体验的建筑空间是在物质空间中的"虚拟"空间，作者将地面以上的建筑空间进行了布局，然后用"线"的要素将空间轮廓勾勒出来，然后将建筑"删除"，部分功能设于外部空间和平台以下。

设计图：图 3-2-53~图 3-2-54

设计者：连绪（2014级）

指导教师：赵娜冬，胡一可，谭立峰，苗展堂

作品点评：作者采用艺术的形式对空间进行表达，带着对于空间轮廓的清晰记忆，用立体线框的形式组织空间，带来别样的空间体验。

3.2.3 感受驱动

此阶段常用的策略包括：

（1）原真表达（捕捉感觉，将感受转译到空间），感受层面的表达；

（2）错位表达（平台以上以线框表达意念中的空间，在平台下方承载），理念层面的表达；

（3）对立表达（分离、对比、对峙、对立等），美学层面的构想。

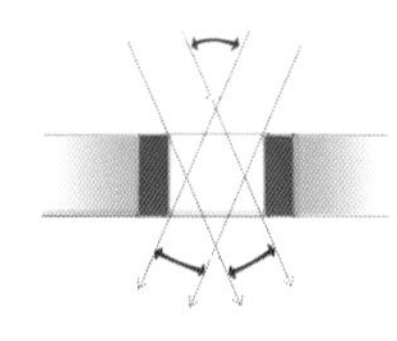

虽然整体概念是让光线通过，但是书吧仍需要私密空间

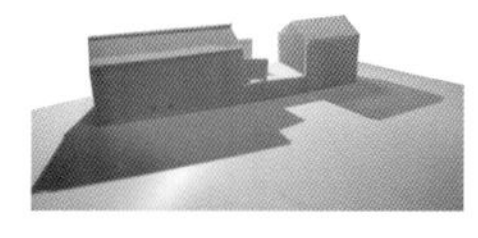

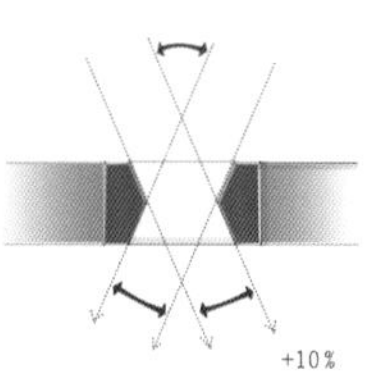

通过适应光照角度进行划分，获取更多光通量

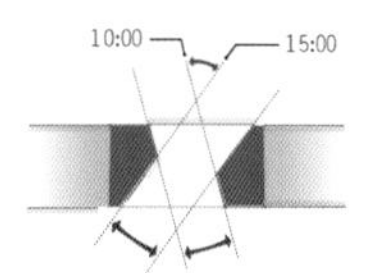

适应咖啡书吧主要运营时间，在人行为活跃时光路更大

墙体在垂直方向的旋转也可以增加阳光的通过率，也带来了投射阴影的可能

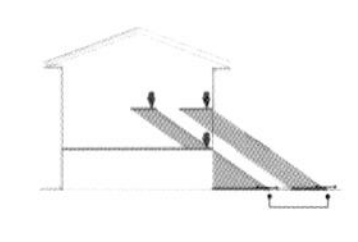

二层设在北面可以在阳光损失率很低的情况下投射出更多的人影

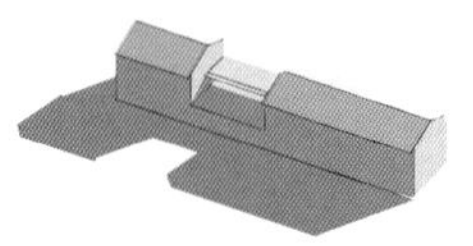

图 3-2-55 设计思路

原真表达

方案一

任务课题：校园咖啡书吧

设计策略：用光影之趣打破沉闷氛围

设计思路：设计灵感来源于炫光和影子。作者走着走着有个抢眼的眩光，通过地上的影子可以看到投影和人的行为有直接关联，光把人的行为投射到地上。因此可以用光和影子吸引人，把里面人的活动投射下来，带动人们的好奇心。投影的魅力在于人们对于光与投影有特殊的感知，透过手的光晕是动人的表达，光与影的联动一直都是设计所遵循的原则，而对光与影进行感受上的分离是一种探索性的尝试。

设计图：图 3-2-55~图 3-2-57

设计者：陈墨（2012级）

指导教师：胡一可，苑思楠

作品点评：如何引导、捕捉感觉？如何将感受空间化（转译）？如何在过程中保存原概念？光晕透过作者的手倾斜下来的场景感动了每一位评委，作者尽了一切努力让最初的想法可以保留在最终的建筑方案中。

图 3-2-56 概念生成

图 3-2-57 设计方案效果图

方案二

任务课题：诗意的栖居

作品名称：自然崇拜

设计策略：利用装置实验来探究人对自然的感受

设计思路：关于敬畏自然，我们直接想到的就是自然崇拜。在所有类型的崇拜中，东西方文化中最为直接的崇拜都是太阳崇拜。这也是最能打动人的，因此，设计便借用阳光来阐述这样的情感。

设计图：图 3-2-58~图 3-2-63

设计者：丛逸宁（2015级）

指导教师：孙德龙，胡一可

作品点评：如何引导、捕捉感觉；如何将感受空间化（转译）。这个装置（图 3-2-58）由装满水和某些不明物体的气球构成，下面只有一条窄窄的路，两边竖着针管，气球在风中轻轻摆动，主要表达未知感、恐惧感。作者将对自然的敬畏之情具象化，提取出来的感情是对自然的虔诚、敬畏以及对神秘自然产生的恐惧感（如图 3-2-59）。

图 3-2-58 装置设计 1

图 3-2-59 装置设计 2

图 3-2-60 装置设计 3

图 3-2-61 装置设计 4

装置设计 3（图 3-2-60）想进一步探讨什么样的结构可以更好地让阳光产生震撼人心的效果。装置的核心是一个光的“漏斗”，周围由一个一个逐渐变大的圆柱筒套住。中间的漏斗承接阳光，阳光通过圆柱之间顶部的高差缝隙渗入周围的片层中，人站在高高的片层下面，可以看到顶部洒下的微弱的光，中间部位则展示出阳光洒下来的令人震撼的感觉。

装置设计 4（图 3-2-61）将自然力进一步具象化，幽蓝色的光增加了神秘感，设计选用了玻璃和铁丝来作为导光的介质，展示了巨大逼人的、神秘而未知的力量。

图 3-2-62 设计方案效果图 1

图 3-2-63　设计方案效果图 2

方案三

任务课题：诗意的栖居

作品名称：融·道

设计策略：探索天地与我并生的无我之感

设计图：图 3-2-64~图 3-2-66

设计者：邓剑（2015级）

指导教师：孙德龙，胡一可

作品点评：设计的核心吸引力在于水中独特的体验方式，而其载体在于空间策略。广阔空间中的消隐和水院内向性的空间所产生的对比让设计具有明显的可识别性。

装置设计 1：空心球体代表纯净空灵的“内心”，将其置于繁杂的空间，任周遭变化往复，独守一颗平静澄澈的内心。

装置设计 2：这个装置尝试模拟大自然。白布象征纯净的自然环境，将鱼放归自然的快感与鱼在自然中超凡脱俗的优游自在是同样具有诗意的。另外，设计者利用水墨作画，栩栩如生的造型将鱼游走的状态表现出来，自由、轻盈、富于韵律。

装置设计 3：冰与水的相互转化受季节影响，年复一年地变化更迭，正是大自然的鬼斧神工造就了这幻化的水墨意境。鱼、湖里的生命，它们见证了湖中冰水更迭的过程，也在这纯净的湖水之下生存着。冰——水的凝固态，显得晶莹剔透，象征着纯洁与自然。冰逐渐消融，断面变得圆滑而剔透。透过薄冰，仿佛能够看到一个更纯净的世界。

装置设计 4：在这个装置中，设计者尝试用鱼与人的结合表达“物我合一”的意境，将鱼通过镜面反射而使其仿佛游弋在各个空间，仿佛人与鱼共游。

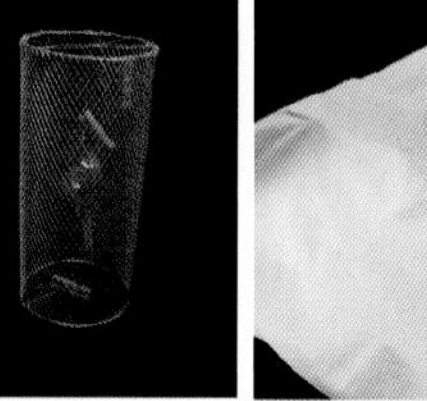

装置设计1

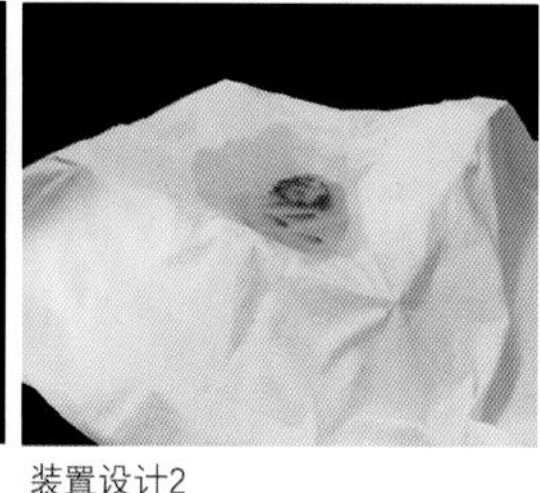

装置设计2

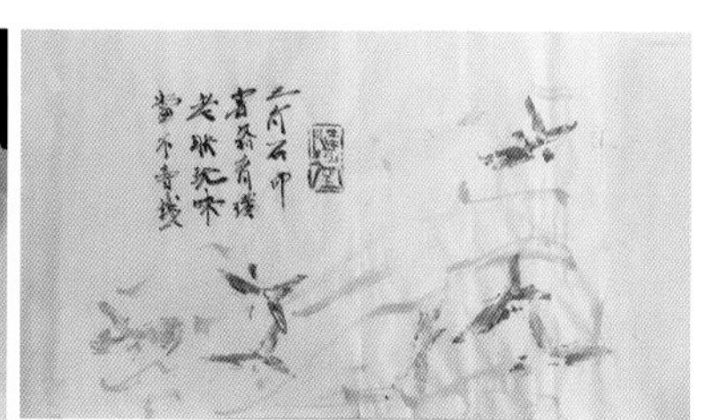

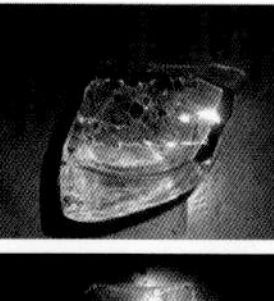

装置设计3

装置设计4

图 3-2-64　装置设计

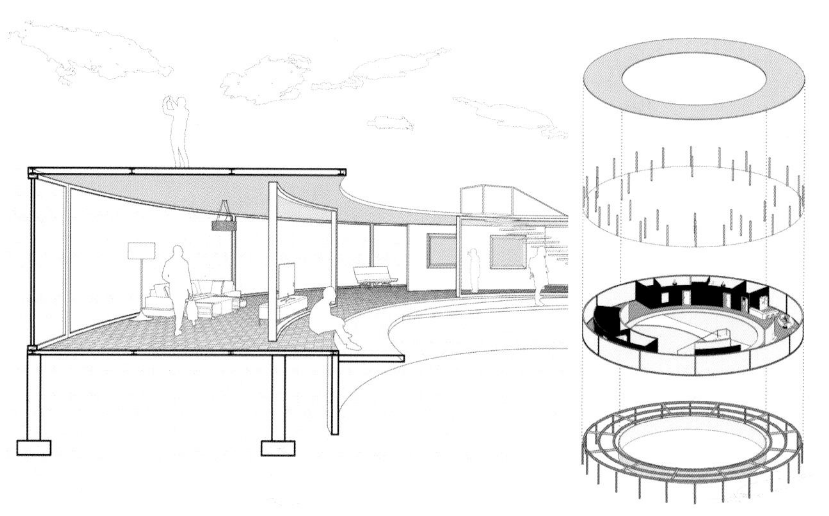

图 3-2-65　设计思路

图 3-2-66　设计方案效果图

方案四
任务课题：社区生活发生器
作品名称：家
设计图：图 3-2-67~图 3-2-70
设计者：许智雷（2016级）
指导教师：孙德龙，胡一可
作品点评：现代社会，人不再受过去的强有力的血缘关系的束缚以及居住地的制约，一个家庭的成员可以四散天涯，所到之处，有亲人便是家。人所居住的地方叫作社区，社区是由数目庞大的不同家庭的成员组成的集合体。

人们对于家的原始印象，正如小孩子的第一张涂鸦，墙壁四面围合，上面架设双坡屋顶，两扇窗、一道门、一个烟囱——这是人对于家的最初印象，也是最能唤起人的归属感的意象。

社区是不同家庭共同生活的场所，因此社区中心应该反映出一个社区的进化历程、家庭的演变过程。而这，就是不同意义上的家。

图 3-2-67　立面图

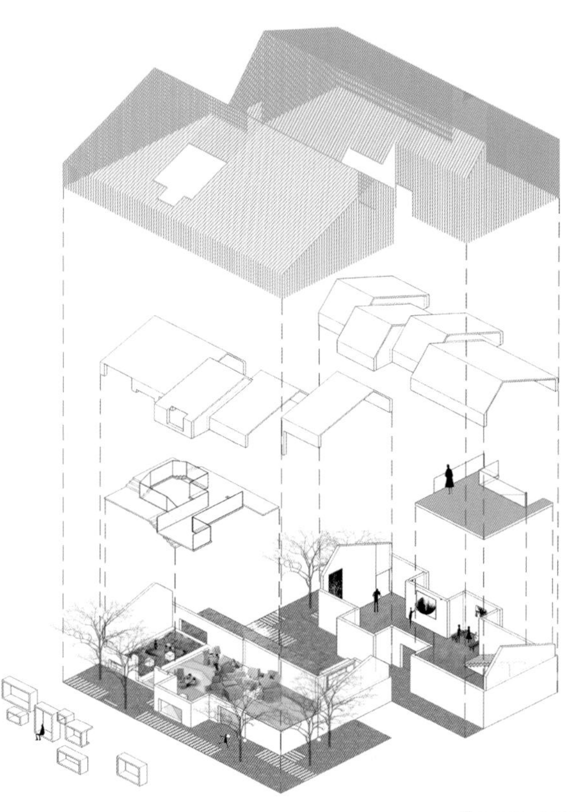

图 3-2-68　设计思路

图 3-2-69　设计方案效果图

设计运用象征的表现形式，两个坡屋顶体块代表两类人群（图 3-2-70），共同笼罩在一个虚化的表皮之下（社区）。高的一座建筑代表大人，矮的一座建筑代表孩子，设计采用体块的错动，产生交叠和倾向，表现出两类人群的沟通。

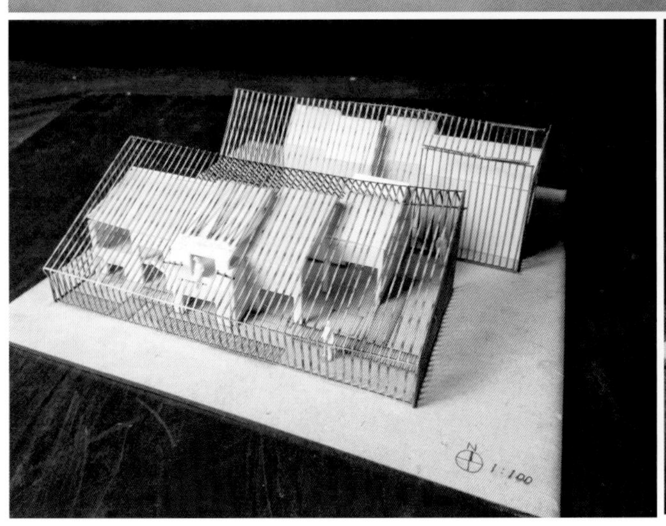

图 3-2-70 方案模型

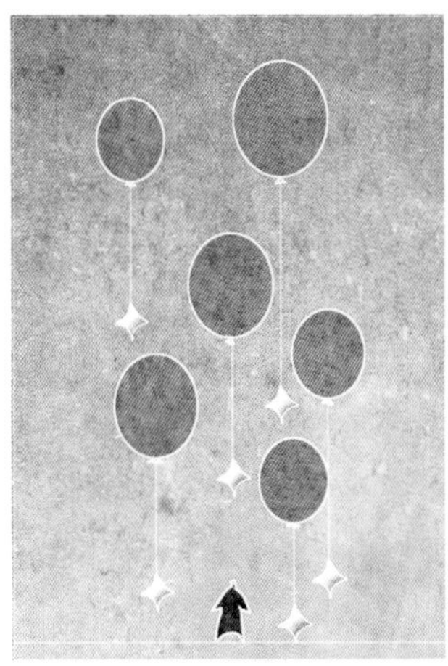

装置设计 1：此阶段为从诗意到装置完全的直译。设计选取轻盈的元素，在装置中表达诗意。

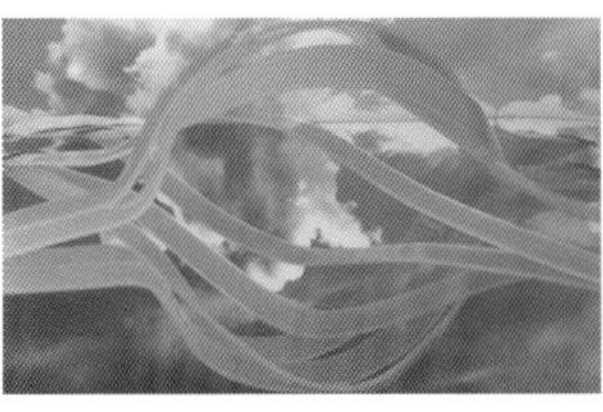

装置设计 2：此阶段的设计对诗意稍加转译，尝试使用镜面，还原"在其之中，又在其之上"的状态。

错位表达

任务课题：诗意的栖居
作品名称：在上方
设计策略：还原上帝视角
设计思路：诗意的发现是从高处的风景开始的。登高望远，脚下有全世界的风景，而自己摆脱了世界的种种烦扰。这是一种平时不易得的体验，轻盈而安定。这种诗意实际包含两个方面（空间意义上的"在上方"和"在其之中，又在其之上"）的辩证关系。
设计图：图 3-2-71~图 3-2-72
设计者：赵婧柔（2015级）
指导教师：胡一可，孙德龙

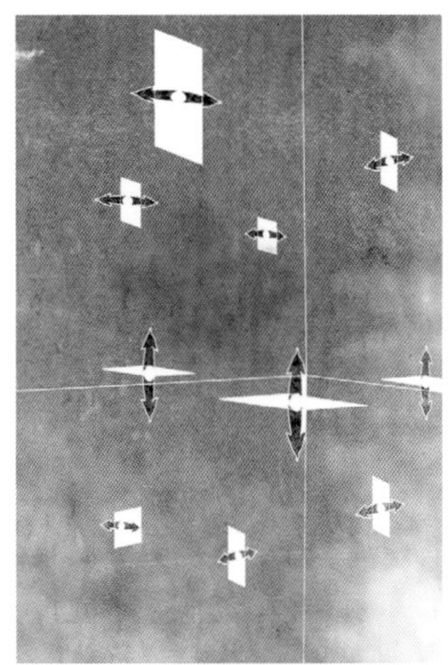

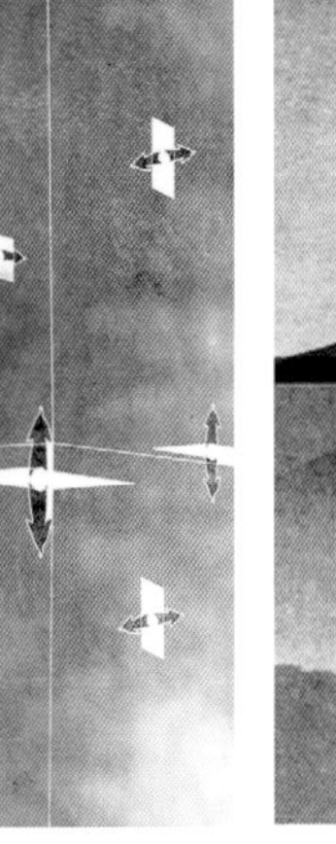

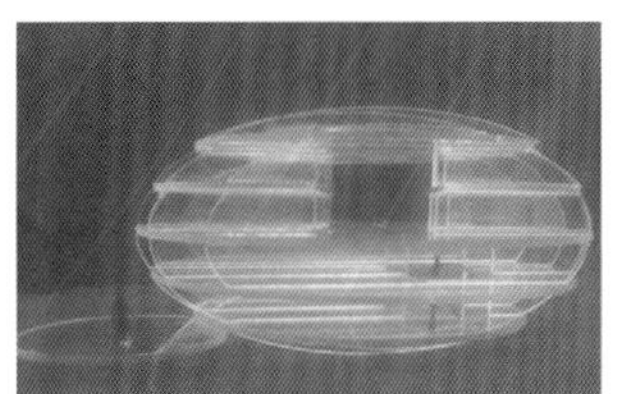

装置设计 3：此阶段设计相对脱离了对生活中轻盈意象的直接使用，使用镜面、玻璃模糊空间的上与下。

图 3-2-71 装置设计

图 3-2-72　设计方案效果图

作品点评：设计从较为纯粹的体验出发，其空间载体为完全透明的空间，其中的行为与远山叠置，产生超现实的场景。

对立表达

方案一

任务课题：诗意的栖居

作品名称：抽离

设计图：图 3-2-73~图 3-2-77

设计者：高元本（2015级）

指导教师：胡一可，孙德龙

作品点评：将头部所处空间与身体所处空间分离是空间表达的出发点，由此演绎出若干种空间原型，再将原型组合形成空间体验序列。

装置设计 1（图 3-2-73左图）：最初对于诗意的思考以孤独为主，这是一种遗世而独立的孤独感，整个世界似乎没有人能够理解作者的真实想法。作者如同一个雪地中的艺术家，大雪掩盖了他走过的步伐，隐去了他想要在雪地里绘制的艺术品。在外人眼里他似乎只是一个舞者，而他描绘的图案只有自己理解。

装置设计 1（图 3-2-73中图）：作者结合自己在日常生活中的行为，将这种孤独感提升成身处大千世界、思想上却仍然拥有自己的一片区域的领域感。如同一个戴着耳机跟随音乐律动的人，思想上是完全独立于现实的。为了强化这种感受，他将作品的头部分离，以暗示精神的独立。

装置设计 1（图 3-2-73右图）：作者进一步挖掘自己的想法后，将领域感定义为"进一步感受世界、退一步反思自我"的、强调可进可退的感觉。在这个装置中，这个人既可以蹲下身子选择与水面进行接触，也可以站起来与室内的事物发生一些联系，可进可退，主动权掌握在自己手中。

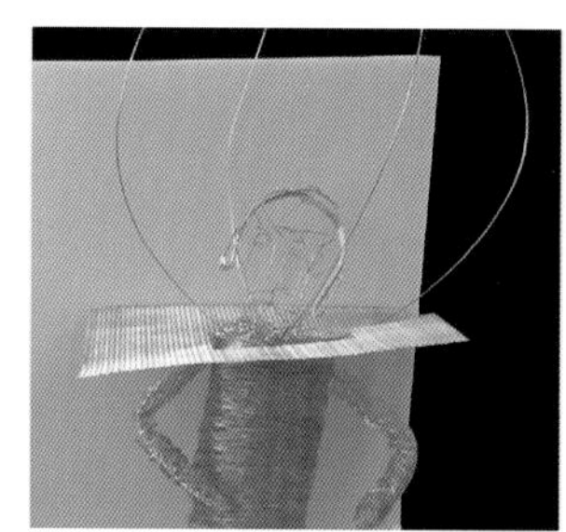

图 3-2-73 装置设计 1

图 3-2-74 装置设计 2

作者接着又尝试了一种更加抽象的表达方式（图 3-2-74），运用物理视线的死角，在一圈看似无遮挡、未封死的实体墙中，暗藏了一块原型的视线死角。如果人们不进入这个实墙范围内，是永远无法看到这块区域的。但是并未封死的墙体会让人误以为自己能够全方位地看到里面，因此不会有所谓的"越神秘的地方就越吸引人"的感受。而身处其中的人则可以做出选择，在盲区以内别人看不到自己，自己也看不到别人，但是只需要探出一步、走出盲区一点点，就可以全方位感知到周围的事物，做到既可进一步接触世界，也可以退一步反思自我。

道家有一种修心的方法叫作内观，本质上是通过观外之物从而观内心，即在接触事物的同时反观自身的各种行为，这便是设计者所追求的生活状态。

此装置（图 3-2-75）将人的视觉与触觉分离，人的视觉从某种程度上与主观思想直接相连，故在顶部空间创设了一片安逸祥和的开阔空间。相反的，身体实际所处的空间却是一个未知而昏暗的狭小空间，作者通过这两者的对比强调精神世界与实际生活的分离，从而使人做到精神上始终保持相应的自主性，因此达到内观修心的生活状态。

图 3-2-75 装置设计 3

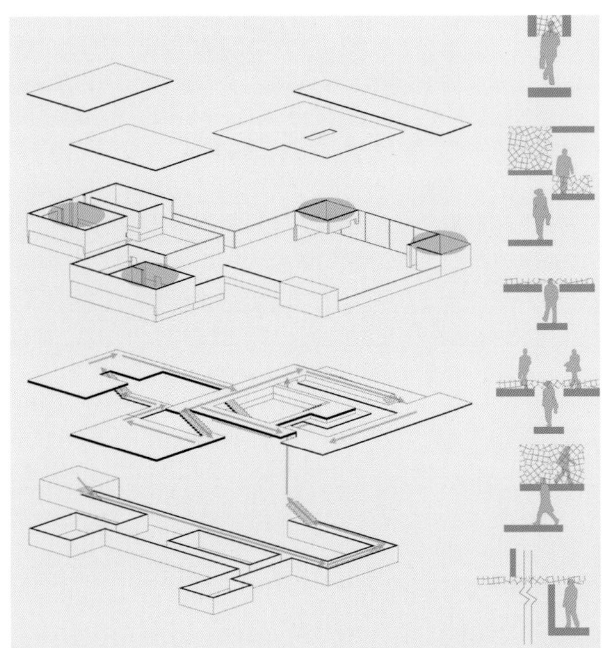

图 3-2-76 设计思路

图 3-2-77 设计方案效果图

方案二

任务课题：诗意的栖居

作品名称：拼 & 贴

设计策略：人工与自然强烈对比

设计图：图 3-2-78~图 3-2-80

设计者：张栖宁（2015级）

指导教师：胡一可，孙德龙

作品点评：诗意来源——在场地中，最令人感到诗意和震撼的场景莫过于山路一转弯后豁然出现的这个伫立在水中的电线杆（图 3-2-77）。设计者看到它的时候，觉得十分奇幻，立刻联想到立在水中的鸟居。这一巨大的人工物和自然的强烈对比产生了诗意。

最初的装置是将 3个蒙眼石膏小人和枯树枝"达利钟"放置在一起，后来进行了新旧对比以体现时间的探索，最后将原有装置的元素拼贴在一起，组成新的反映拼贴和物体异化概念的装置（如图 3-2-79）。

图 3-2-78 场地现状

图 3-2-79 设计方案效果图

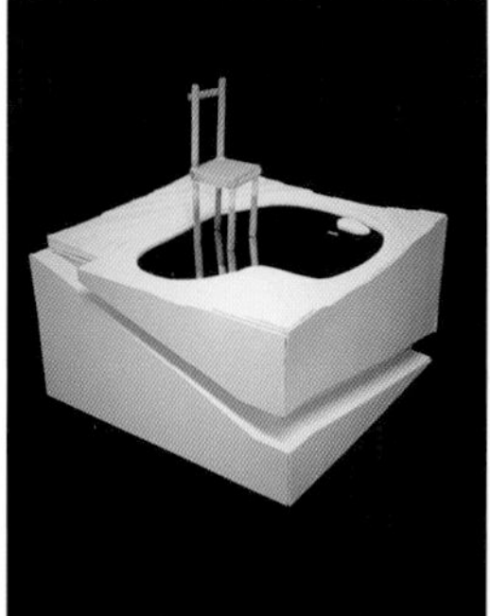

图 3-2-80 装置设计

图 3-2-81　场地现状调研

方案三

任务课题：诗意的栖居

设计思路：新老并置

设计图：图 3-2-81~图 3-2-85

设计者：刘畅（2016级）

指导教师：孙德龙，胡一可

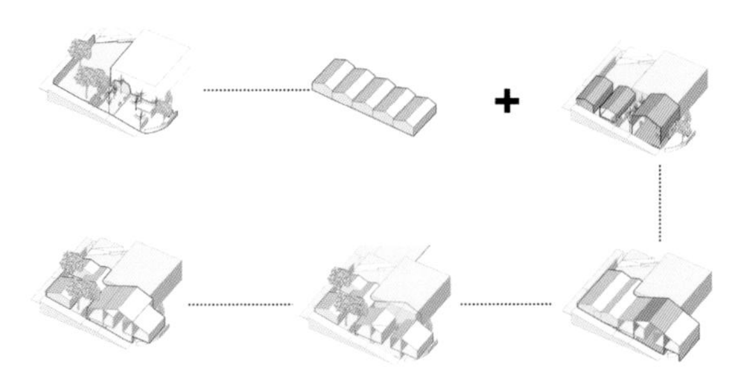

图 3-2-82　设计思路

图 3-2-83　设计方案效果图：从自然看建筑

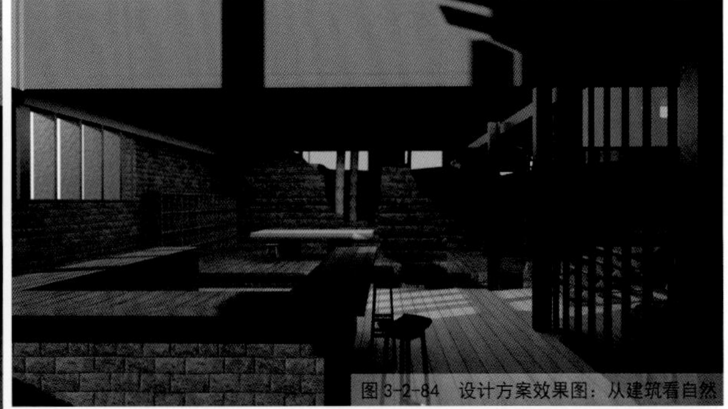

图 3-2-84　设计方案效果图：从建筑看自然

图 3-2-85　设计方案效果图：透过建筑看自然

方案四

任务课题：诗意的栖居

作品名称：FALLEN（“坠落”）

设计策略：对峙行为带来的不同感受

设计思路：欣赏诗意的另一种可能性是从对立面欣赏，即提供一个与之对峙的场景。

设计图：图 3-2-86~图 3-2-88

设计者：古子豪（2014级）

指导教师：胡一可，谭立峰，赵娜冬，苗展堂

作品点评：诗意的内容是对生活的反思，作者与自己对话，反思生活的无序和混乱，设计者因此看到诗意的可能性之一是提供一个与之对峙的场景，因此想到了与一般欣赏风景不同的方式——坠落（fallen），来表达另一种诗意。

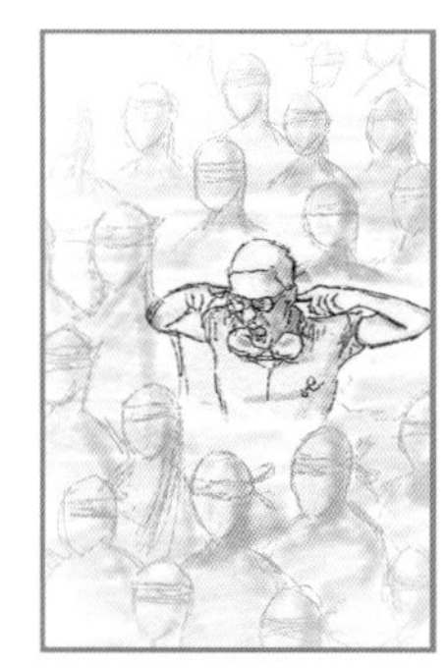

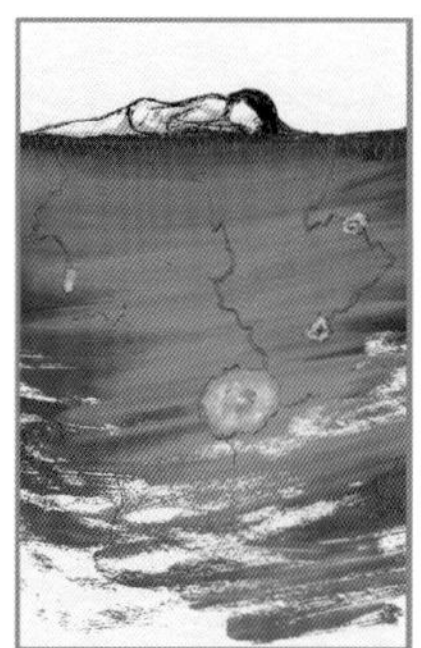

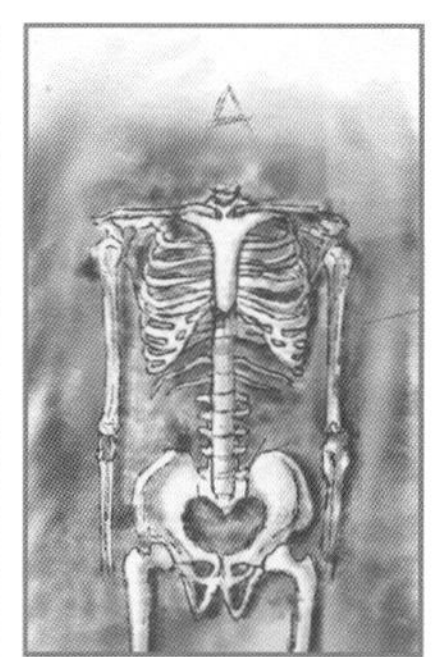

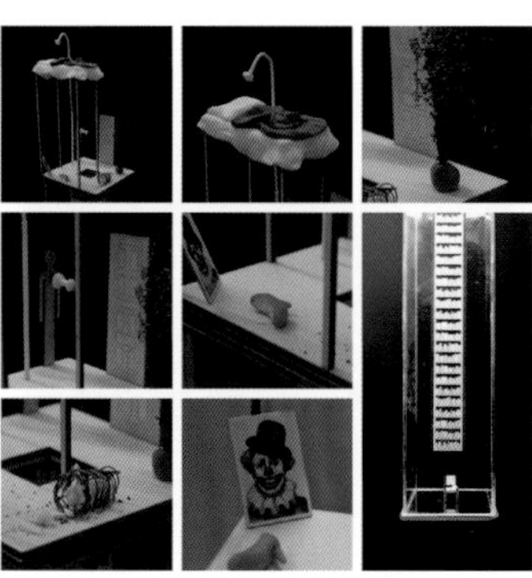

图 3-2-87　装置设计

图 3-2-86　设计方案效果图

模型3

图 3-2-88　方案模型

方案五

任务课题：诗意的栖居

作品名称：Mirror Inn

设计策略：利用德罗斯特效应创造视觉上的无限空间

设计思路：“阻止了我的脚步的，并不是我所看见的东西，而是我所无法看见的那些东西。你明白吗？我看不见的那些，在那个无限蔓延的城市里，什么东西都有，可唯独没有尽头。”——《海上钢琴师》

设计图：图 3-2-89~图 3-2-90

设计者：赖宏睿（2016级）

指导教师：胡一可、孙德龙

作品点评：纯粹的视觉装置创造了一个幻境空间。在未来，对于空间超现实的表达也许会成为设计师的重要技能。

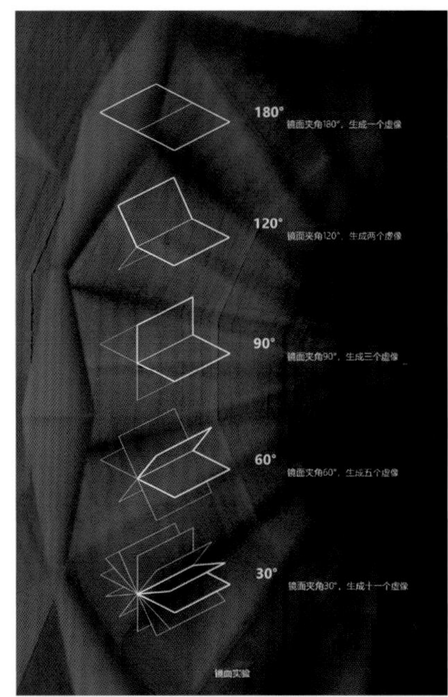

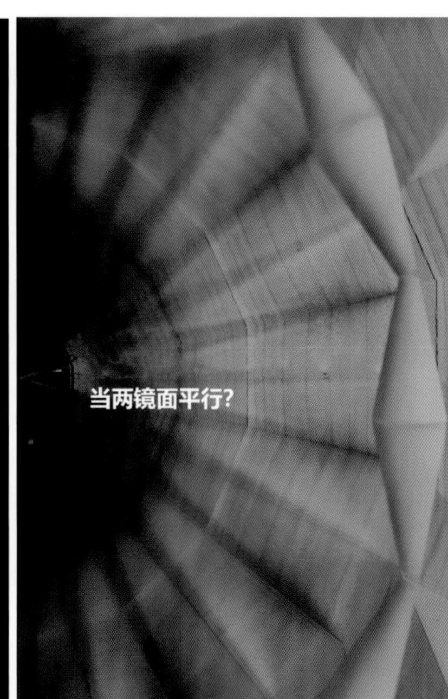

图 3-2-89　设计思路

图 3-2-90 设计方案效果图

3.3 总结

天津大学建筑学二年级实验班设计训练有以下几个关键点。

建筑 +规划 +景观

设计是连续的，生活也是连续的。打破学科的边界，不要给自己设限，是实验班教育教学的核心理念。

基于此，实验班几乎所有课题都不仅仅是对于“居住空间”的探讨，更是对于整个社区空间及基础设施的立体化探讨，将使用者的日常生活和休憩场景立体化重组，形成富有层次的生活景观。私有领域同公共领域在三维空间中叠加并置，二者的适宜是引导使用者开展各种活动的基础。合理的比例保证了不同空间的持久人气。在其中，设计师试图让人们的生活在空间的每一个表面展开。建筑的意义远远超越其实体本身，设计的更多收获以非物质的形式呈现。空间的营造不仅是为了塑造美好的场景，而且从“项目”层面完成了某项任务，实现了某种目标，人与人之间的关系得以重新修补。

教学经常把景观设计作为一种设计的基本条件贯穿于建筑设计中。为了尽量避免对周围景观造成影响，空间化的景观可成为人与自然之间的一条纽带。空间的消极与否并不是一成不变的。笔者指导的建筑学专业学生的作业中，一半以上的设计灵感或思路来源于景观和城市，比如微缩的生态系统、重构社区关系等。设计者关注环境的真实性和完整性，人在场地中的活动作为自身文化的一部分渗透到景观当中，于是景观便贮存和散发着这种文化，这种文化的渗透又必然会影响或改变原来的景观，而时间具有比设计师更强大的力量，带给人们体验和记忆。

场地 +场景 +场所

在自然环境中，空间是无限的，人对空间的感受往往需要借助一定的手段才能完成，比如使用某种材料来围合或分隔空间，使之形成一种实体具有容积感，这是在人体尺度人们所能感受到的空间存在。

建筑“锚固”在场所之中所依赖的远远不止形式和空间。经验、现象变得更加重要，需要数据及相应的分析与评价支持。

任何一个小的设计，涉及的问题都会涵盖不同的圈层结构。设计师从城市尺度去考量建筑表面的连续、断裂、交错等，而其根本目标是满足人的行为和体验。这不仅仅需要对数据的整合和处理，更是源于实实在在的人的需求；这不是一项轰轰烈烈的工程，而是一项缓慢开展的运动。

很多使用者希望拥有一片风景，这是视觉景观的问题。

建筑提供给我们容身之处，也创造了整体环境，如果建筑师足够有野心，也可以营造我们的社会背景。

丰富的空间不仅仅可以满足人的视觉体验，还可以被“触碰、嗅闻、听到”，这一系列的体验很难通过传统意义上的建筑手段完成，要么通过景观实现，要么通过软件实现。

设计建造一体化 +社区参与

图与建筑分离让设计与“营造”变为两种差异巨大的过程，而在很久以前，二者是紧密关联的，甚至是同一过程。

建筑所采用的方法、工艺和所花的费用等都来自设计者对建筑所要实现目标的价值判断。建筑在全生命周期过程中，能够不断完善、运营维护成本低是很重要的评价标准。建筑具有理性的一面，“合理”在设计师的角度看，也是美感的组成部分之一。

而在建筑设计全生命周期的过程中，建筑学专业低年级学生需要注意的要点如下：

（1）掌握安排时间的方法，包括安排自己的生活；

（2）善于抓住重点问题并找到解决问题的方法；

（3）善于在网上获取资料、数据及信息；

（4）观察老师（第一个业主）及业主的洽谈方式；

（5）养成备份档案的习惯。

致谢

感谢曾经参与实验班教学的助教郑捷、王雪睿、丁梦月，实验班的教学工作事无巨细，是她们的努力让教学秩序更为井然。感谢丁梦月、顾阳在协助整理书稿过程中的辛勤付出。